W0256003

EBERHARD HOPF

ERGODENTHEORIE

REPRINT

PRINGER-VERLAG BERLIN · HEIDELBERG · NEW YORK 1970

ISBN 978-3-540-04881-7   ISBN 978-3-642-86630-2 (eBook)
DOI 10.1007/978-3-642-86630-2

Titelnummer 1172

ERGEBNISSE DER MATHEMATIK
UND IHRER GRENZGEBIETE
HERAUSGEGEBEN VON DER SCHRIFTLEITUNG
DES
„ZENTRALBLATT FÜR MATHEMATIK"
FÜNFTER BAND
2

ERGODENTHEORIE

VON

EBERHARD HOPF

MIT 4 FIGUREN

BERLIN
VERLAG VON JULIUS SPRINGER
1937

Vorwort.

Die Theorie vom Verlauf der Bewegungen mechanischer Systeme, d. h. der Lösungen von Systemen von Differentialgleichungen, allgemeiner der „Stromlinien" stationärer „Strömungen" im großen, hat innerhalb der letzten zehn Jahre durch das Eindringen maßtheoretischer Gesichtspunkte eine Reihe neuer Impulse erfahren. Der Anstoß zu dieser Entwicklung ging von der Ergodenhypothese der MAXWELL-BOLTZMANNschen Gastheorie und der Verrührungshypothese der GIBBSschen statistischen Mechanik aus. Diese Fragen sind heute insoweit geklärt, als die Existenz des Zeitmittels einer Phasenfunktion längs der Stromlinien feststeht (bis auf eine Nullmenge), und präzise Bedingungen für Volumenproportionalität der mittleren Verweilzeit (Ergodizität) ermittelt worden sind. Diese „Ergodensätze" verdankt man v. NEUMANN, CARLEMAN und vor allem BIRKHOFF. Auch kennt man die Bedingungen dafür, daß im Laufe der Zeit vollständige Vermischung im Phasenraum eintritt. Sie lassen sich z. B. aus der Gestalt des „Eigenspektrums" der Strömung (KOOPMAN, CARLEMAN) ablesen. Abgesehen von dem rein mathematischen Interesse, das diese Fragestellungen verdienen, beruht ihre Bedeutung darin, daß sie uns das Verständnis für die stabilen Häufigkeitserscheinungen in der Natur vermitteln. In dieser Hinsicht ist ihre Bedeutung keineswegs durch die klassische statistische Mechanik erschöpft. Sie wird in der Zukunft wieder in helles Licht treten, wenn einmal die Lösung des Turbulenzproblems auf Grund der klassischen Hydrodynamik gelungen ist.

Statistik ist Maßtheorie. Es ist deshalb wohl verständlich, daß in den folgenden Zeilen die maßtheoretischen Gesichtspunkte vor den topologischen den Vorrang einnehmen. Den Mathematikern, die dem „fast alle" oder „bis auf eine Nullmenge" keinen Geschmack abgewinnen können, sei entgegnet, daß sich nur so das, was in der Natur „in der Regel" sich ereignet, mathematisch interpretieren läßt. Handelt es sich jedoch um die effektive Konstruktion eines mathematischen Objektes in einer Klasse von Objekten, so ist allerdings das „fast alle Objekte der Klasse" nur ein schwacher Ersatz.

Der Verfasser war bestrebt, nicht nur die Hauptsätze selbst, sondern auch die erforderlichen Hilfsmittel im Interesse der unabhängigen Lesbarkeit mit Beweisen oder Beweisandeutungen darzustellen, z. B. Sätze der allgemeinen Maß- und Integrationstheorie, der harmonischen Analyse und der Spektraltheorie der unitären Operatoren im HILBERTschen Raum. Was den Hauptgegenstand betrifft, so bedauert der

Verfasser, daß heute eine umfassende, mit weitreichenden Methoden ausgestattete Theorie noch nicht existiert. Dazu steckt noch zu vieles in den Anfängen. Vor allem ist die Entscheidung, ob ein gegebenes dynamisches System ergodisch ist oder nicht, bisher nur in wenigen Fällen gelungen, z. B. bei den geodätischen Linien auf Flächen konstanter negativer Krümmung. Gleiches gilt von der Mischung, wo es neben ad hoc konstruierten Beispielen bis jetzt nur zwei Anwendungen, nämlich auf die Gesetze der großen Zahlen und die WIENERsche Theorie der zufälligen Funktionen gibt. Diese Anwendungen deuten jedenfalls darauf hin, daß die Bedeutung statistischer (maßtheoretischer) Fragestellungen bei Abbildungen und Strömungen über das enge Gebiet der Mechanik hinausreicht.

In der folgenden Darstellung wird von vornherein von maßtreuen Strömungen, d. h. von Differentialsystemen mit einer positiven Integralinvariante ausgegangen. Zu seinem Bedauern war es dem Verfasser nicht mehr möglich, die wichtige Untersuchung von KRYLOFF und BOGOLIOUBOFF[1], in der die Maßtreue nicht vorausgesetzt wird, einzugliedern. Dort werden für stetige Strömungen in bikompakten Räumen die invarianten Maße hergeleitet. Die Menge der Zentralbewegungen, gegen welche die anderen Bewegungen statistisch konvergieren, wird ferner in absolut ergodische Bestandteile zerlegt[2]. Es kann ebenfalls nur beiläufig erwähnt werden, daß die Begriffsbildungen der Ergodentheorie nicht nur für Systeme mit streng determinierten Zustandsfolgen von Wichtigkeit sind. Sie sind auch, wenn die aufeinanderfolgenden Zustände nur durch Wahrscheinlichkeiten verknüpft sind, anwendbar und führen dort zu viel einfacheren Gesetzmäßigkeiten. Die den Systemen zugeordneten linearen Funktionaloperationen werden dann nämlich vollstetig.

---

[1] Vgl. KRYLOFF und BOGOLIOUBOFF [1] und [2].
[2] Vgl. des Verfassers kurze Besprechung im Zbl. Math. **15**, 182.

Leipzig, den 28. Juni 1937.

E. HOPF.

Inhaltsverzeichnis.

I. Kapitel

Maßtheorie, Abbildungen und Strömungen.

§ 1. Einiges aus der allgemeinen Maßtheorie[1].

Im folgenden werden die Teilmengen eines Raumes Ω betrachtet.

Definition 1.1. *Ein System von Teilmengen* α, β, ... *von* Ω *heißt Mengenkörper*, $\Re$, *wenn mit zwei seiner Mengen auch ihre Summe, ihr Durchschnitt und, falls eine in der anderen enthalten ist, auch ihre Differenz zu* $\Re$ *gehört.*

Definition 1.2. *Ein System von Teilmengen* A, B, ... *von* Ω *heißt* BORELscher *oder absolut additiver Mengenkörper, wenn es ein Körper ist und wenn mit abzählbar vielen Mengen von* $\Re$ *auch ihre Summe zu* $\Re$ *gehört.*

Zu jedem Körper $\Re$ gibt es einen und nur einen kleinsten, $\Re$ enthaltenden BOREL-Körper, BORELsche Erweiterung von $\Re$ genannt, $B\Re$. Er ist der Durchschnitt aller $\Re$ enthaltenden BOREL-Körper.

Für alle einem Körper $\Re$ angehörenden Mengen α, β, ... sei ein Maß, d. h. eine nichtnegative, (endlich-) additive Mengenfunktion erklärt. Unendliches Maß ist zugelassen, jedoch wird verlangt, daß Ω Summe höchstens abzählbar vieler Mengen endlichen Maßes ist. Jedes α von $\Re$ mit $m(\alpha) = \infty$ hat dann diese Eigenschaft.

Ein in einem BORELschen Körper definiertes Maß heißt Lebesguesch oder absolut additiv, falls die Additivität auch bei abzählbar vielen, paarweise fremden Mengen stattfindet. Dabei sei auch der Fall eingeschlossen, wo auf beiden Seiten Unendlich steht.

In einem beliebigen Körper spricht man von absoluter Additivität eines Maßes, falls absolute Additivität im obigen Sinne besteht, vorausgesetzt, daß die Summe der betrachteten Mengen zu $\Re$ gehört.

Bemerkung. Absolute Additivität von m in $\Re$ bedeutet dasselbe wie Stetigkeit von m: Für jede absteigende Folge von Mengen von $\Re$ ohne gemeinsamen Punkt bilden die Maße, falls sie endlich sind, eine Nullfolge.

Sind nämlich die Mengen $\alpha_1 \supset \alpha_2 \supset \alpha_3 \supset \cdots$ von $\Re$ ohne gemeinsamen Punkt, so gilt $(\alpha_1 - \alpha_2) + (\alpha_2 - \alpha_3) + \cdots = \alpha_1$, also wegen

---

[1] In engem Anschluß an KOLMOGOROFF [1], wo nur der Fall eines endlichen $m(\Omega)$ betrachtet wird.

der absoluten Additivität $m(\alpha_1 - \alpha_2) + m(\alpha_2 - \alpha_3) + \cdots = m(\alpha_1)$,
also $m(\alpha_i) \to 0$. Wird umgekehrt Stetigkeit vorausgesetzt, und ist

$$\beta_i \beta_j = 0, \quad \beta_1 + \beta_2 + \cdots = \beta; \quad \beta_i \text{ in } \Re, \quad \beta \text{ in } \Re,$$

so folgt im Falle eines endlichen $m(\beta)$

$$\alpha_i = \beta - (\beta_1 + \cdots + \beta_i), \quad \alpha_i \supset \alpha_{i+1}, \quad \alpha_i \text{ in } \Re, \quad m(\alpha_1) < \infty, \quad m(\alpha_i) \to 0.$$

Ist andererseits $m(\beta) = \infty$, so muß auch $\sum m(\beta_i) = \infty$ sein; denn nach obigem Postulate enthält β Mengen γ beliebig großen endlichen Maßes, und es folgt mit Rücksicht auf den schon erledigten Fall

$$\gamma \beta_1 + \gamma \beta_2 + \cdots = \gamma, \quad \sum m(\beta_i) \geqq \sum m(\gamma \beta_i) = m(\gamma).$$

Daraus ergibt sich die Behauptung.

     Erweiterungssatz. *Damit sich ein in $\Re$ erklärtes Maß m zu einem in $B\Re$ absolut additiven Maß erweitern läßt, ist notwendig und hinreichend, daß m in $\Re$ absolut additiv ist. Die Erweiterung ist eindeutig.*

     Beweis. Mengen von $\Re$ seien mit α, β, γ, ..., von $B\Re$ mit A, B, ... bezeichnet. Für eine ganz beliebige Teilmenge W von Ω setze man

$$m^*(W) = \text{u. Gr. } \sum m(\alpha_i); \quad W \subset \sum \alpha_i$$

für alle möglichen Überdeckungen von W mit Summen höchstens abzählbar vieler α_i. $m^*(W)$ ist ein CARATHEODORYsches äußeres Maß. Es gilt

$$m^*(W' + W'') \leqq m^*(W') + m^*(W''); \quad m^* \leqq \infty. \tag{1.1}$$

     Wir zeigen, daß m^* in $B\Re$ die verlangte Erweiterung von m liefert. Nach CARATHEODORY heißt eine Menge $M \subset \Omega$ meßbar, falls eine willkürliche Menge W die Gleichung

$$m^*(W) = m^*(MW) + m^*(W - MW)$$

befriedigt. Die CARATHEODORYsche Theorie enthält den Satz[1], daß die in diesem Sinne meßbaren Mengen einen BORELschen Körper bilden, in welchem m^* absolut additiv ist. Zu beweisen ist also, daß die Mengen α von $\Re$ in diesem Sinne meßbar sind, und daß für diese Mengen $m^* = m$ gilt.

     Zum Beweise der Übereinstimmung von m^* und m innerhalb $\Re$ sei

$$\alpha \subset \sum \alpha_i, \quad \alpha \text{ in } \Re, \quad \alpha_i \text{ in } \Re$$

angenommen. Dann folgt $\alpha = \sum \alpha \alpha_i$, $\alpha \alpha_i$ in $\Re$, also

$$\sum m(\alpha_i) \geqq \sum m(\alpha \alpha_i) \geqq m(\alpha).$$

Die rechte Hälfte ergibt sich in bekannter Weise aus der absoluten Additivität innerhalb $\Re$, auch bei Zulassung unendlicher m.

---

[1] Vgl. CARATHÉODORY [1], § 239—252.

Zum Beweise der CARATHEODORY-Meßbarkeit eines α in $\Re$ überdecke man eine willkürliche Menge W mit höchstens abzählbar vielen α_i
von $\Re$. Aus

$$W \subset \sum \alpha_i$$

folgt dann

$$\alpha W \subset \sum \alpha \alpha_i, \quad W - \alpha W \subset \sum (\alpha_i - \alpha \alpha_i) .$$

Man beachte, daß jeder Summand in beiden rechten Seiten zu $\Re$ gehört. Daher ist

$$\sum m(\alpha_i) = \sum m(\alpha \alpha_i) + \sum m(\alpha_i - \alpha \alpha_i) \geqq m^*(\alpha W) + m^*(W - \alpha W) ,$$

und da die Überdeckung beliebig ist,

$$m^*(W) \geqq m^*(\alpha W) + m^*(W - \alpha W) .$$

Vergleicht man mit (1.1), so folgt die behauptete Meßbarkeit.

Die Eindeutigkeit der Erweiterung ergibt sich folgendermaßen. Die
eben erhaltene Erweiterung von m sei auch in $B\Re$ mit m bezeichnet.
m' sei eine beliebige Erweiterung in $B\Re$. Aus der Konstruktion der
ersten Erweiterung durch Überdeckungen folgt leicht $m' \leqq m$. Ist nun
$m(A)$ endlich, so überdecke man A mit abzählbar vielen Mengen von $\Re$
und nenne deren Summe σ. Es läßt sich stets einrichten, daß $m(\sigma)$
endlich ist. Da bekanntlich σ sich auch als Summe abzählbar vieler,
paarweise punktfremder Mengen von $\Re$ darstellen läßt, folgt $m'(\sigma)$
$= m(\sigma)$. Wegen $m' \leqq m$ und

$$m(A) + m(\sigma - A) = m(\sigma) = m'(\sigma) = m'(A) + m'(\sigma - A)$$

folgt daher $m'(A) = m(A)$. Ist jedoch $m(A)$ unendlich, so beachte
man, daß A Mengen beliebig großen endlichen m-Maßes enthält, sogar
Summe abzählbar vieler Mengen mit endlichem m ist.

Korollar. *$m(A)$ ist untere Grenze aller $m(\sigma)$ für alle Mengen $\sigma \supset A$,
die sich als Summe höchstens abzählbar vieler α von $\Re$ darstellen lassen.*

§ 2. Integration.

Wir gehen von einem festen Körper $\Re$ von Teilmengen von Ω,
seiner BOREL-Erweiterung $B\Re$ und einem festen, auf $B\Re$ erklärten,
absolut additiven Maße m aus. Meßbarkeit bezüglich m und das Integral

$$\int_{\Omega} f(P)\, dm \, {}^{1}$$

einer Punktfunktion $f(P)$ sind dann wohldefinierte Begriffe. Was unter
Summierbarkeit oder Zugehörigkeit zu einer der Funktionenklassen L^1,
L^2 zu verstehen ist, ist ebenfalls klar.

---

[1] RADON [1], FRÉCHET [1].

Approximationssatz[1]. *f gehöre zu L^1. Zu beliebigem $\varepsilon > 0$ gibt es eine nur endlich viele Werte, und diese nur in Mengen von $\mathfrak{K}$ und von endlichem Maße annehmende Funktion $g(P)$ derart, daß*

$$\int_\Omega |g(P) - f(P)|\, dm < \varepsilon \tag{2.1}$$

gilt. Analoges gilt, wenn f zu L^2 gehört. Ist $|f| \leqq M$, so kann stets $|g| \leqq M + 1$ erreicht werden.

Beweis. Ohne die Einschränkungen der Zugehörigkeit zu $\mathfrak{K}$ ist der Satz einleuchtend. Daher kann von vornherein vorausgesetzt werden, daß $f(P)$ nur endlich viele Werte annimmt. Dieser Fall läßt sich wiederum auf den Fall zurückführen, wo f nur die Werte Null und Eins annimmt, wo also f die charakteristische Funktion einer Menge A von $B\mathfrak{K}$ ist, $m(A) < \infty$. Mit Hilfe einer geeigneten Überdeckung von A durch abzählbar viele α von $\mathfrak{K}$ kann man leicht eine zu $\mathfrak{K}$ gehörige Menge β herstellen derart, daß

$$m(A + \beta - A\beta) < \varepsilon$$

gilt. Hier ist, wenn $g(P)$ die charakteristische Funktion der Menge β bedeutet, die linke Seite gleich

$$\int_\Omega |g(P) - f(P)|\, dm,$$

womit der erste Teil der Behauptung für Funktionen der Klasse L^1 bewiesen ist. Gehört f zu L^2, so ist die anfänglich gemachte Bemerkung entsprechend zu modifizieren. Ist nun $|f| \leqq M$, so bezeichne man mit A die Menge aller Punkte P, in welchen $|g| > M + 1$ ist. Dann folgt aus (2.1)

$$\varepsilon > \int_A |g - f|\, dm \geqq \int_A [|g| - |f|]\, dm > m(A). \tag{2.2}$$

Modifiziert man g,

$$g' = \begin{cases} g \ \text{in} \ \Omega - A, \\ 0 \ \text{in} \ A, \end{cases}$$

so ist auch g' von der verlangten Art. Ferner ist $|g'| \leqq M + 1$, und aus (2.2) ergibt sich

$$\int_\Omega |g' - f|\, dm = \int_{\Omega - A} |g - f|\, dm + \int_A |f|\, dm < \varepsilon + M\varepsilon = \varepsilon(M + 1),$$

womit alles bewiesen ist.

Maß und Integral in Produkträumen. $m(m')$ sei ein für alle einem BOREL-Körper $\mathfrak{k}$ $(\mathfrak{k}')$ angehörenden Teilmengen eines Raumes Ω

---

[1] Vgl. E. Hopf [6].

(Ω') definiertes absolut additives Maß. Die Punktepaare $\Pi = (P, P')$ bilden den Produktraum $\Omega \times \Omega'$. Als einfachste Teilmengen dieses Raumes führen wir zunächst die Produktmengen $A \times A'$, A in $\mathfrak{k}$, A' in $\mathfrak{k}'$, ein. Die Teilmengen von $\Omega \times \Omega'$, die sich als Summe endlich vieler Produktmengen darstellen lassen, bilden bekanntlich einen Körper $\mathfrak{K}$. Sie sind gleichzeitig Summen endlich vieler paarweise fremder Produktmengen. Ist in diesem Sinne

$$\alpha = \sum A \times A',$$

so definiert

$$\mu(\alpha) = \sum m(A)\, m'(A')$$

ein Maß für alle Teilmengen α von $\Omega \times \Omega'$. $\mu(\alpha)$ ist von der besonderen Darstellung von α in der angegebenen Form unabhängig.

Das Maß μ besitzt eine absolut additive Erweiterung in $B\mathfrak{K}$. Zu beweisen ist also, daß μ in $\mathfrak{K}$ stetig ist. Hierzu genügt es, zu zeigen, daß aus

$$\alpha_1 \supset \alpha_2 \supset \alpha_3 \supset \cdots, \quad 0 < \mu_0 < \mu(\alpha_i) < \infty \tag{2.3}$$

die Existenz eines allen α_i gemeinsamen Punktes (P, P') folgt. Jedes α_i ist endliche Summe paarweise fremder Produktmengen. In

$$\alpha_i = \sum_\nu C_{i,\nu} \times C'_{i,\nu} \tag{2.4}$$

kann man es einrichten, daß die ersten Faktoren paarweise punktfremd sind. In

$$\alpha_{i+1} = \sum_\mu C_{i+1,\mu} \times C'_{i+1,\mu} \tag{2.5}$$

kann man ferner erreichen, daß jeder der ersten Faktoren Teil eines der ersten Faktoren in (2.4) ist. Wegen $\alpha_i \supset \alpha_{i+1}$ gilt:

$$C'_{i+1,\mu} \subset C'_{i,\nu}, \quad \text{wenn } C_{i+1,\mu} \subset C_{i,\nu}. \tag{2.6}$$

Diese Schreibweise denke man sich nacheinander für $i = 1, 2, \ldots$ durchgeführt. Mit passender Konstanten c gilt

$$\sum_\nu m(C_{i,\nu}) < c, \quad m'(C'_{i,\mu}) < c \tag{2.7}$$

unabhängig von i, μ. Für irgendein i setze man nun

$$E_i = \sum_\nu C_{i,\nu} \quad \text{für alle } \nu \text{ mit } m'(C'_{i,\nu}) > \frac{\mu_0}{2c}. \tag{2.8}$$

Die E_i bilden offenbar eine absteigende Folge von Mengen nach unten positiv beschränkten endlichen Maßes; denn wegen (2.3) und (2.7) ist

$$\mu_0 < \mu(\alpha_i) < m(E_i)\,c + c\,\frac{\mu_0}{2c}.$$

Es gibt also einen allen E_i gemeinsamen Punkt P_0 von Ω. P_0 tritt nun in jedem (2.4), $i = 1, 2, \ldots$, in genau einem der ersten Faktoren auf. Der mit ihm gekoppelte zweite Faktor sei mit E_i' bezeichnet. Wegen (2.6) bilden die E_i' eine absteigende Folge von Mengen in Ω'. Ihre (endlichen) Maße m' liegen oberhalb einer positiven Schranke, da für E_i' die Ungleichung in (2.8) gilt. Daher gibt es einen gemeinsamen Punkt P_0', und die Behauptung ist bewiesen, da (P_0, P_0') allen $E_i \times E_i'$, also allen α_i angehört.

Begriffe wie Meßbarkeit, Integral in $\Omega \times \Omega'$

$$\int\limits_{\Omega \times \Omega'} f(\Pi)\, d\mu$$

haben nunmehr einen wohlbestimmten Sinn. Für summierbare Funktionen gilt allgemein der Satz von FUBINI, d. h. das Integral ist gleich

$$\int\limits_{\Omega} dm \int\limits_{\Omega'} f(P, P')\, dm'. \tag{2.9}$$

Dabei ist immer die Grundvoraussetzung der Summierbarkeit in $\Omega \times \Omega'$, und bei Mengen die der Meßbarkeit in $\Omega \times \Omega'$ zu beachten. Ist f meßbar in $\Omega \times \Omega'$ und $\geqq 0$, so folgt aus der Existenz des Integrales (2.9) die Summierbarkeit.

Approximationssatz. $F(\Pi) = F(P, P')$ *gehöre in* $\Omega \times \Omega'$ *zu* L^1. *Dann gibt es zu jedem* $\varepsilon > 0$ *eine endliche Summe*

$$G(\Pi) = \sum f_i(P)\, f_i'(P')$$

mit in Ω *bzw.* Ω' *summierbaren* f, f' *derart, daß*

$$\int\limits_{\Omega \times \Omega'} |G - F|\, d\mu < \varepsilon \tag{2.10}$$

gilt. Analoges gilt, wenn F *zu* L^2 *gehört. Ist* $|F| \leqq M$, *so läßt sich* $|G| < M + 1$ *erreichen.*

Beweis. Nach Satz 2.1 läßt sich (2.10) durch eine Funktion

$$G(\Pi) = \sum_{}^{n} w_\nu\, \Phi_\nu(\Pi)$$

befriedigen, wobei die Φ_ν die charakteristischen Funktionen gewisser $\mathfrak{K}$-Mengen endlichen μ-Maßes sind. Da jede derartige Menge endliche Summe

$$\sum A_i \times A_i'$$

paarweise fremder Produktmengen ist, kann

$$\Phi(P, P') = \sum \varphi_i(P)\, \varphi_i'(P')$$

geschrieben werden, wo φ_i bzw. φ_i' die charakteristische Funktion von A_i bzw. A_i' ist. G ist somit von der verlangten Form.

Korollar. *Im symmetrischen Quadratraume* Ω^2, *wo die Reihenfolge der Komponenten nicht beachtet wird*,

$$(P, P') \equiv (P', P); \quad F(P, P') \equiv F(P', P),$$

kann die approximierende Funktion G in der Form

$$G = \sum \pm f_i(P)\, f_i(P')$$

gewählt werden.

Beweis. Mit
$$G(P, P')$$
gehört auch die Funktion

$$\tfrac{1}{2}\{G(P, P') + G(P', P)\}$$

zum Annäherungsgrade ε. Sie ist wegen

$$f(P)\, f'(P') + f(P')\, f'(P)$$
$$= [f(P) + f'(P)]\, [f(P') + f'(P')] - f(P)f(P') - f'(P)\, f'(P')$$

von der gewünschten Form.

§ 3. Maßtreue Abbildungen und Strömungen.

Die verschiedenen Phasen (P) eines mechanischen Systems erfüllen einen mehrdimensionalen Raum Ω. In der Umgebung eines beliebigen Punktes P^0 wird die Bewegung vermittelst lokaler GAUSSscher Koordinaten x_i durch ein System von Differentialgleichungen

$$\dot{x}_i = X_i(x_1, \ldots, x_n); \quad i = 1, \ldots, n$$

beschrieben. Unter bekannten allgemeinen Voraussetzungen geht durch jeden Punkt P genau eine Lösungskurve und es besteht stetige, sogar stetig differenzierbare Abhängigkeit vom Anfangspunkte. Bezeichnet man mit P_t die Lage des Punktes P nach Ablauf der Zeit t, so stellt

$$T_t(P) = P_t,$$

wenn man unbeschränkte Fortsetzbarkeit der Bewegung in Vergangenheit und Zukunft voraussetzt, bei beliebigem festem t eine eineindeutige und stetig differenzierbare Abbildung von Ω auf sich selbst dar mit positiver Funktionaldeterminante

$$\frac{\partial(P_t)}{\partial(P)}\,.$$

Die T_t bilden eine einparametrige lineare Gruppe

$$T_s T_t = T_{s+t}, \tag{3.1}$$

T_0 ist die Identität. Anschaulich kann man von einer stationären Strömung einer Flüssigkeit in Ω sprechen.

Wir betrachten vor allem den wichtigen Fall, in welchem das System eine positive Integralinvariante

$$\int \varrho(P)\, dx_1 \ldots dx_n$$

besitzt. Er liegt bei allen HAMILTONschen Systemen vor, allgemein dann, wenn die „Kontinuitätsgleichung"

$$\sum \frac{\partial(\varrho\, X_i)}{\partial x_i} = 0$$

eine in Ω eindeutige positive Lösung ϱ besitzt. Die Invarianz wird dann bekanntlich durch den Nachweis der Konstanz von

$$\varrho(P_t)\, \frac{\partial(P_t)}{\partial(P)}$$

längs der Stromlinie bewiesen. Die Integralinvariante läßt sich als nichtnegatives und absolut additives Mengenmaß m im Sinne von LEBESGUE auffassen und die Invarianz drückt sich durch die Gleichung

$$m(A_t) = m(A)$$

für alle t und alle meßbaren Teilmengen A von Ω aus. Im Sinne dieses Maßes handelt es sich hier um die Strömung einer inkompressiblen Flüssigkeit in Ω. $m(\Omega)$ darf unendlich groß sein.

Für die im folgenden entwickelte Theorie und ihre Anwendungen bilden die obigen mechanischen Strömungen eine zu enge Klasse, da auch unstetige Strömungen betrachtet werden müssen. Ω sei ein be·liebiger Raum, $\Re$ ein Körper von Mengen in Ω, $B\Re$ seine BORELsche Erweiterung und m ein für alle Mengen aus $B\Re$ erklärtes LEBESGUEsches Maß.

Definition 3.1. *Eine eineindeutige Abbildung $T(P)$ von Ω auf sich heißt maßtreu, wenn die Meßbarkeit bei T und T^{-1} erhalten bleibt und wenn*

$$m(T(A)) = m(A)$$

für jedes A gilt.

Definition 3.2. *Umter einer Strömung in Ω verstehen wir eine Gruppe von eineindeutigen Abbildungen $T_t(P)$ von Ω auf sich mit der Eigenschaft (3.1). Sie heißt maßtreu, wenn alle T_t es sind.*

Die Maßtreue läßt sich in die Sprache der Funktionen übersetzen. Mit $f(P)$ gehört nämlich auch $f(T_t(P))$ für jedes feste t zu L^1 und es gilt

$$\int\limits_{\Omega} f(P_t)\, dm = \int\limits_{\Omega} f(P)\, dm, \tag{3.2}$$

denn die LEBESGUEschen Approximationssummen sind bei beiden Integralen dieselben. Wir setzen

$$(f, g) = \int\limits_{\Omega} f(P)\, \overline{g(P)}\, dm, \quad \|f\| = \sqrt{(f, f)}, \tag{3.3}$$

falls der Integrand summierbar ist. Der Übergang von $f(P)$ zu $f(P_t)$ kann bei festem t als lineare Funktionaloperation aufgefaßt werden, U_t. Die Maßtreue von T_t spiegelt sich in der Längentreue oder Unitarität des Operators U_t im HILBERTschen Raume[1],

$$(U_t f, U_t g) = (f, g), \tag{3.4}$$

wo beide Funktionen f, g zu L^2 gehören. Die U_t bilden eine lineare Gruppe,

$$U_s U_t = U_{s+t}, \quad U_0 = I. \tag{3.5}$$

Analoges gilt bei einer Abbildung T. t durchläuft dann nur die positiven und negativen ganzen Zahlen entsprechend den Iterierten von T und T^{-1}.

Was die Abhängigkeit von t betrifft, müssen noch Forderungen an T_t gestellt werden.

Definition 3.3. *Die Strömung heißt m-stetig in t, wenn $m(A_t, B)$ für irgend zwei Mengen A, B endlichen Maßes stetig von t abhängt.*

Mit Rücksicht auf die leichtere Verifizierbarkeit ist zu bemerken, daß die m-Stetigkeit bereits daraus folgt, daß für irgend zwei Mengen α, β aus $\mathfrak{K}$ und von endlichem Maße $m(\alpha_t \beta)$ an der Stelle $t = 0$ stetig ist, Maßtreue der Strömung vorausgesetzt.

Daraus folgt nämlich die Stetigkeit von $(U_t \varphi, \psi)$ bei $t = 0$, wenn φ und ψ nur endlich viele Werte in Mengen von $\mathfrak{K}$ und von endlichem Maße annehmen. Gehören nun f, g zu L^2, so lassen sie sich durch Funktionen φ, ψ jener Art L^2-stark approximieren. Nach der SCHWARZschen Ungleichung und nach (3.4) ist

$$|(U_t \varphi, \psi) - (U_t f, \psi)| = |(U_t \{\varphi - f\}, \psi)| \leqq ||U_t(\varphi - f)|| \cdot ||\psi||$$
$$= ||\varphi - f|| \cdot ||\psi||.$$

Nach diesem Muster ergibt sich schließlich

$$|(U_t \varphi, \psi) - (U_t f, g)| \leqq ||\varphi - f|| \cdot ||\psi|| + ||\psi - g|| \cdot ||f||, \tag{3.6}$$

und damit die Gleichmäßigkeit der Approximation in t. Die Stetigkeit überträgt sich also auf $(U_t f, g)$, nachträglich auch für alle t. Setzt man f, g gleich den charakteristischen Funktionen zweier Mengen endlichen Maßes, so folgt die Behauptung.

Definition 3.4. *Die Strömung heißt meßbar in t, wenn für jede Menge A aus $B\mathfrak{K}$ die durch sie erzeugte Stromröhre, d. h. die Menge der (P, t) mit $P_t \subset A$ im Raum-Zeit-Kontinuum $\Omega \times (t)$ meßbar ist.*

Die Meßbarkeit folgt bereits, wenn die Strömung maßtreu ist, und wenn die Definition bei den Mengen α von $\mathfrak{K}$ zutrifft.

Nach dem Korollar zum Erweiterungssatz kann man nämlich jede Menge A von $B\mathfrak{K}$ in der Form $A = A' - N$ schreiben, wo N eine

---

[1] KOOPMAN [1].

Nullmenge und A' Durchschnitt $O_1 O_2 \ldots$ von Summen O_i von abzählbar vielen Mengen α ist. Die Definition trifft dann bei jedem O_i, also auch bei A' zu. Bei N bilde man eine Folge ähnlicher Mengen $O'_i \supset N$, deren Maße nach Null konvergieren. Dann gilt $N' = O'_1 O'_2 \ldots \supset N$, $m(N') = 0$. Die durch N' in $\Omega \times (t)$ erzeugte Stromröhre ist in diesem Raume wieder meßbar. Daher ist der FUBINIsche Satz anwendbar, und es folgt aus $m(N'_t) = m(N') = 0$ (N'_t ist der Durchschnitt der Röhre mit der „Ebene" $t = c$), daß die Röhre in $\Omega \times (t)$ eine Nullmenge ist. Ersetzt man N' durch N, so gilt dies erst recht, und die Behauptung ist bewiesen.

Folgerungen aus der Meßbarkeit. Ist $f(P)$ in Ω meßbar, so ist $f(P_t)$ als Funktion von (P, t) meßbar. Gehört $f(P)$ zu L^1, so ist $f(P_t)$ in $\Omega \times (t)$, $a < t < b$, summierbar. Aus

$$(b - a) \int_\Omega f(P)\, dm = \int_a^b dt \int_\Omega f(P)\, dm = \int_a^b dt \int_\Omega f(P_t)\, dm$$

folgt die Summierbarkeit nach FUBINI, jedenfalls für nichtnegatives f. Der allgemeine Fall läßt sich hierauf zurückführen. Daraus folgt: Gehören $f(P)$, $g(P)$ beide zu L^2, oder gehört f zu L^1 und ist g meßbar und beschränkt, so ist $(U_t f, g)$ eine meßbare Funktion von t. Dies folgt aus dem FUBINIschen Satze, und daraus, daß in beiden Fällen $f(P_t)\, g(P)$ eine summierbare Funktion von (P, t) ist. Im ersteren Falle erkennt man das mit Hilfe der SCHWARZschen Ungleichung und von $\|U_t f\| = \|f\|$.

Später wird gezeigt werden, daß aus der Meßbarkeit aller $(U_t f, g)$ ihre Stetigkeit und damit die m-Stetigkeit der Strömung folgt[1].

II. Kapitel.

Hilfsmittel aus der Spektralanalyse.

§ 4. Positiv definite Folgen und Funktionen.

Dieser Abschnitt handelt von der Darstellbarkeit einer Folge komplexer Zahlen $\ldots, a_{-1}, a_0, a_1, \ldots$ durch FOURIER-STIELTJES-Momente

$$a_n = \int_0^{2\pi} e^{i\lambda n}\, dv(\lambda) \tag{4.1}$$

und einer komplexwertigen Funktion $f(t)$ durch ein FOURIER-STIELTJES-Integral

$$f(t) = \int_{-\infty}^{+\infty} e^{i\lambda t}\, dv(\lambda). \tag{4.2}$$

---

[1] v. NEUMANN [**3**].

Definition 4.1. *Die (komplexwertige) Belegungsfunktion $v(\lambda)$ heiße eine Verteilungsfunktion, wenn sie im jeweiligen Intervalle von beschränkter Variation ist,*

$$\int_0^{2\pi} |dv(\lambda)| < \infty, \qquad \int_{-\infty}^{+\infty} |dv(\lambda)| < \infty,$$

und den Normierungsbedingungen

$$v(\lambda - 0) = v(\lambda)$$

(Linksstetigkeit) und $\quad v(0) = 0, \quad v(-\infty) = 0$

genügt.

Es gilt der

Eindeutigkeitssatz. *In der Darstellung (4.1) und (4.2) vermittels einer Verteilungsfunktion $v(\lambda)$ ist dieselbe eindeutig bestimmt. Dabei braucht nur verlangt zu werden, daß (4.2) für fast alle t gilt.*

Beweis. Zum Beweise etwa von (4.2) sei bemerkt, daß aus dem Bestehen von

$$\int_{-\infty}^{+\infty} e^{i\lambda t} dv(\lambda) = 0$$

für fast alle t wegen der Stetigkeit der linken Seite die Gültigkeit für alle t folgt. Wegen der gleichmäßigen Approximierbarkeit einer stetigen periodischen Funktion $P(\lambda)$ durch trigonometrische Polynome ist daher auch

$$\int_{-\infty}^{+\infty} P(\lambda)\, dv(\lambda) = 0.$$

Durch Vergrößerung der Periode folgt es auch für jedes stetige, für alle großen $|\lambda|$ verschwindende $P(\lambda)$. Daraus schließt man $v = \text{const.}$ in allen Stetigkeitsstellen von v und mit Rücksicht auf die Normierungsbedingungen $v \equiv 0$.

Definition 4.2. *Eine Zahlenfolge $\ldots, a_{-1}, a_0, a_1, \ldots$ heißt positiv definit, wenn für jede links und rechts abbrechende komplexe Zahlenfolge $\ldots, q_{-1}, q_0, q_1, \ldots$*

$$\sum_{\nu,\,\mu} a_{\nu-\mu}\, q_\nu\, \overline{q_\mu} \geqq 0$$

gilt.

Bekanntlich ist eine solche Folge beschränkt, $|a_n| \leqq a_0$.

Definition 4.3. *Eine in $(-\infty, +\infty)$ meßbare und beschränkte Funktion $f(t)$ heißt positiv definit, wenn für jede in irgendeinem endlichen Intervalle $\langle a, b \rangle$ stetige und außerhalb verschwindende Funktion $q(t)$*

$$\int_{-\infty}^{+\infty} \int_{-\infty}^{+\infty} f(x - y)\, q(x)\, \overline{q(y)}\, dx\, dy \geqq 0$$

gilt[1].

---

[1] Fordert man Stetigkeit überall statt Meßbarkeit, so ist die Beschränktheit eine Konsequenz.

Satz 4.1.[1] *Eine positiv definite Folge ist stets in der Form (4.1) mit nirgends abnehmender Verteilungsfunktion $v(\lambda)$ darstellbar.*

Satz 4.2.[2] *Eine positiv definite Funktion ist für fast alle t in der Form (4.2) mit nirgends abnehmender Verteilungsfunktion $v(\lambda)$ darstellbar.*

Beweis. Wir betrachten nur den Funktionenfall, da der Beweis bei Folgen ganz analog verläuft. Aus den bekannten Beziehungen

$$\int\limits_{-\infty}^{+\infty} \frac{\sin y}{y}\,dy = \int\limits_{-\infty}^{+\infty} \frac{1-\cos y}{y^2}\,dy = \pi$$

schließt man leicht, daß die Funktion

$$h(x) = \frac{e^{-iax} - e^{-ibx}}{2\pi i x}, \quad a < b, \tag{4,3}$$

der Funktionalgleichung

$$h(x) = \int\limits_{-\infty}^{+\infty} h(x+y)\,\overline{h(y)}\,dy \tag{4.4}$$

genügt. Zunächst sei

$$f(t) = 0(t^{-2}) \tag{4.5}$$

für große t vorausgesetzt. Das Doppelintegral[3]

$$\iint f(x-y)\,h(x)\,\overline{h(y)}\,dx\,dy = \iint f(x)\,h(x+y)\,\overline{h(y)}\,dx\,dy$$

konvergiert dann absolut, da im zweiten Integral der Integrand kleiner als

$$C(1+x^2)^{-1}(1+(x+y)^2)^{-\frac{1}{2}}(1+y^2)^{-\frac{1}{2}}$$

ist. Das erste Integral ist nirgends negativ, wie man aus der Definitheit durch Abbrechen von $h(x)$ für große $|x|$ und nachfolgenden Grenzübergang erkennt. Im zweiten Integral darf die Funktionalgleichung (4.4) angewandt werden. Dann folgt

$$\int f(x)\,h(x)\,dx \gtrless 0.$$

Die aus

$$v(b) - v(a) = -\frac{1}{2\pi}\int f(x)\,\frac{e^{-ixb}-e^{-ixa}}{ix}\,dx$$

bestimmte stetige Funktion $v(\lambda)$ ist daher nirgends abnehmend. Durch Differentiation, die wegen (4.5) erlaubt ist, erhält man

$$0 \leqq v'(\lambda) = \frac{1}{2\pi}\int f(x)\,e^{-ix\lambda}\,dx$$

mit absolut konvergentem Integral und daher stetigem $v'(\lambda)$. In bekannter Weise folgt

$$I(a) = \int\limits_{-a}^{a} e^{it\lambda}\,v'(\lambda)\,d\lambda = \frac{1}{\pi}\int\limits_{-\infty}^{+\infty} \frac{\sin a\,(t-x)}{t-x}\,f(x)\,dx$$

---

[1] HERGLOTZ [1].   [2] BOCHNER [1], Kap. IV, und [2].

[3] Die Integrationsgrenzen $-\infty$, $+\infty$ sind im folgenden mehrfach weggelassen.

für jedes t, und durch CESARO-Summation nach Substitution $x = t + \dfrac{u}{T}$

$$\frac{1}{T}\int_0^T I(a)\,da = \frac{1}{\pi}\int_{-\infty}^{+\infty} f\!\left(t + \frac{u}{T}\right)\frac{1 - \cos u}{u^2}\,du \qquad (4.6)$$

mit positivem FEJER-Kern. Für $t = 0$ folgt insbesondere

$$\frac{1}{T}\int_0^T [v(a) - v(-a)]\,da \leqq \text{ob. Gr. } |f|\,.$$

Wegen der Monotonität von v ergibt sich dann durch Grenzübergang $T \to \infty$

$$v(\infty) - v(-\infty) \leqq \text{ob. Gr. } |f|\,. \qquad (4.7)$$

Daher konvergiert das Integral

$$\int_{-\infty}^{+\infty} e^{i\,t\lambda}\,dv(\lambda)$$

absolut und sein Wert stimmt mit dem Grenzwert der linken Seite in (4.6) für $T \to \infty$ überein. Der Limes der rechten Seite ist bekanntlich für fast alle t gleich $f(t)$. Damit ist der Satz für Funktionen mit der Eigenschaft (4.5) bewiesen.

Bei lediglich beschränktem $f(t)$ bemerke man, daß mit $f(t)$ offensichtlich auch $e^{i\,s\,t}f(t)$ positiv definit ist. Diese Eigenschaft bleibt erhalten, wenn man nach dem Parameter s über $(-\varepsilon, \varepsilon)$ integriert. Also ist

$$\frac{\sin \varepsilon t}{\varepsilon t}\,f(t)$$

und damit auch

$$f_\varepsilon(t) = \left(\frac{\sin \varepsilon t}{\varepsilon t}\right)^2 f(t)$$

positiv definit. Diese Funktion erfüllt (4.5). Zu ihr gehört daher vermöge (4.2) eine Verteilungsfunktion $v_\varepsilon(\lambda)$. Nach (4.7) ist

$$v_\varepsilon(\infty) = v_\varepsilon(\infty) - v_\varepsilon(-\infty) \leqq \text{ob. Gr. } |f_\varepsilon| \leqq \text{ob. Gr. } |f|\,.$$

Wegen der gleichmäßigen Beschränktheit kann man auf die Funktionen $v_\varepsilon(\lambda)$, $\varepsilon = \frac{1}{2}, \frac{1}{3}, \ldots$ den HELLYschen Auswahlsatz anwenden. Beim Grenzübergang $\varepsilon \to 0$ ist es vorteilhafter, die integrierte Gleichung

$$\int_0^t f_\varepsilon(t)\,dt = \int_{-\infty}^{+\infty} \frac{e^{it\lambda} - 1}{i\lambda}\,dv_\varepsilon(\lambda)$$

wegen des großen Nenners im Integranden heranzuziehen. Man erhält dann mit der Grenzfunktion $v(\lambda)$ für alle t

$$\int_0^t f(t)\,dt = \int_{-\infty}^{+\infty} \frac{e^{it\lambda} - 1}{i\lambda}\,dv(\lambda)\,.$$

Durch Differenzieren folgt für fast alle t

$$f(t) = \int\limits_{-\infty}^{+\infty} e^{it\lambda}\, dv(\lambda).$$

$v(\lambda)$ kann nachträglich normiert werden.

§ 5. Das Spektrum einer Funktion.

Das komplexwertige $f(t)$ sei in $(-\infty, +\infty)$ meßbar und in jedem endlichen Intervalle zu L^2 gehörig.

Definition 5.1. *Man sagt, daß $f(t)$ ein Spektrum besitzt, wenn*

$$\lim_{B=\infty,\, A=-\infty} \frac{1}{B-A} \int\limits_A^B f(s+t)\,\overline{f(t)}\, dt = \varphi(s)$$

für fast alle s, mit Einschluß von $s = 0$, existiert, und wenn

$$\overline{\lim_{\varepsilon=0}}\, \frac{1}{2\varepsilon} \int\limits_{-\varepsilon}^{\varepsilon} \varphi(s)\, ds = \varphi(0)$$

besteht (das Integral ist reell)[1].

$\varphi(s)$ ist jedenfalls meßbar und hat die Eigenschaften

$$|\varphi(s)| \leqq \varphi(0), \quad \varphi(-s) = \overline{\varphi(s)}, \quad \frac{1}{2\varepsilon} \int\limits_{-\varepsilon}^{\varepsilon} \varphi(s)\, ds \leqq \varphi(0). \quad (5.1)$$

$\varphi(s)$ ist ferner positiv definit. Setzt man nämlich

$$\varphi(x, y; A, B) = \frac{1}{B-A} \int\limits_A^B f(x+t)\,\overline{f(y+t)}\, dt,$$

so folgt

$$|\varphi(x, y; A, B)|^2 \leqq \varphi(x, x; A, B)\, \varphi(y, y; A, B).$$

Da $\varphi(0)$ existiert, sind die Faktoren rechts, also auch die linke Seite in jedem endlichen (x, y)-Rechteck gleichmäßig beschränkt. Ferner ist

$$\lim_{A=-\infty,\, B=\infty} \varphi(x, y; A, B) = \varphi(x - y)$$

in allen (x, y), für die $x - y$ nicht der obigen Ausnahmemenge angehört, also in fast allen (x, y). Für jedes der Definition 4.3 genügende $q(t)$ ist nun

$$\iint \varphi(x, y; A, B)\, q(x)\,\overline{q(y)}\, dx\, dy = \frac{1}{B-A} \int\limits_A^B \left| \int f(x+t)\, q(x)\, dx \right|^2 dt \geqq 0.$$

---

[1] Dieser Begriff geht im wesentlichen auf N. WIENER [1] zurück. Vgl. auch BOCHNER [2].

Nach Obigem darf man im linken Integral $A \to -\infty$, $B \to \infty$ vornehmen. Nach Satz 4.2 gilt also eine Darstellung

$$\varphi(s) = \int_{-\infty}^{\infty} e^{i\lambda s} \, dS(\lambda) \tag{5.2}$$

für fast alle s. Wegen der Stetigkeit des Integrals und wegen der Voraussetzung über $\varphi(s)$ gilt sie auch für $s = 0$. Die nirgends abnehmende Verteilungsfunktion $S(\lambda)$ ist eindeutig festgelegt.

$$S(b) - S(a)$$

heißt die *Spektralenergie* der gegebenen Funktion $f(t)$ im Frequenzintervall $a \leq \lambda < b$. Von der totalen Spektralenergie gilt

$$S(\infty) - S(-\infty) = \varphi(0) = \lim_{B=\infty,\,A=-\infty} \frac{1}{B-A} \int_{A}^{B} |f(t)|^2 \, dt.$$

Die Bedeutung dieser Begriffsbildungen ergibt sich aus folgenden Beispielen. Im Falle $f(t) = \sin|t|^{\alpha}$, $\alpha > 1$, findet man $\varphi(s) = 0$ für $s \neq 0$ und $\varphi(0) > 0$. Die über $\varphi(s)$ gemachte Voraussetzung ist hier nicht erfüllt. Dies genüge zur Andeutung, daß jene Voraussetzung dahin geht, bei $f(t)$ das Häufigwerden der Oszillationen für große $|t|$ auszuschließen. Sie ist damit der Ergodentheorie besonders angepaßt. Ist nun

$$f(t) = \sum_{\nu} a_{\nu} e^{i\lambda_{\nu} t} \tag{5.3}$$

ein trigonometrisches Polynom endlicher Ordnung, so existiert $\varphi(s)$ für jedes s mit gleichmäßiger Konvergenz, und man erhält

$$\varphi(t) = \sum |a_{\nu}|^2 e^{i\lambda_{\nu} t},$$

$S(b) - S(a)$ wird also gleich der Summe der Absolutquadrate aller Amplituden $\sum |a_{\nu}|^2$, für welche die Frequenzen λ_{ν} von $f(t)$ im Intervalle $\langle a, b \rangle$ gelegen sind. Man erkennt leicht, daß dieses Resultat gültig bleibt, wenn die Reihe rechts in (5.3) unendlich ist, jedoch absolut konvergiert. Noch allgemeiner gilt der

Satz 5.1. *Ist $f(t)$ von der Form*

$$f(t) = \int_{-\infty}^{+\infty} e^{it\lambda} \, dv(\lambda), \tag{5.4}$$

wo $v(\lambda)$ eine Verteilungsfunktion ist, so gilt (5.2) für sämtliche s, und es ist

$$S(\lambda) = \sum_{\lambda_{\nu} < \lambda} |v(\lambda_{\nu} + 0) - v(\lambda_{\nu})|^2. \tag{5.5}$$

Die Summation ist über alle links von λ gelegenen Sprungstellen λ_{ν} von $v(\lambda)$ zu erstrecken.

Beweis. Man setze

$$v(\lambda) = V(\lambda) + w(\lambda),$$

wo V stetig ist und w die Sprungfunktion von v bedeutet,

$$w(\lambda) = \sum_{\lambda_\nu < \lambda} [v(\lambda_\nu + 0) - v(\lambda_\nu)],$$

mit über alle Sprungstellen $\lambda_\nu < \lambda$ von v erstreckter Summation. Entsprechend setze man

$$F(t) = \int_{-\infty}^{+\infty} e^{it\lambda}\, dV(\lambda), \quad g(t) = \int_{-\infty}^{+\infty} e^{it\lambda}\, dw(\lambda) = \sum_\nu [v(\lambda_\nu + 0) - v(\lambda_\nu)]\, e^{it\lambda_\nu}.$$

Wegen

$$f(t+s)\,\overline{f(s)} = F(t+s)\,\overline{F(s)} + F(t+s)\,\overline{g(s)} + g(t+s)\overline{F(s)} + g(t+s)\,\overline{g(s)}$$

müssen zur Bildung von $\varphi(t)$ vier entsprechende Limites betrachtet werden. Der vierte Limes existiert, da $g(t)$ vom Typus (5.3) ist. Die absolute Konvergenz der Reihe folgt daraus, daß $v(\lambda)$ von beschränkter Variation ist. Wäre $F(t)$ nicht vorhanden, so wäre der Satz bereits bewiesen. Dasselbe wäre der Fall, wenn allgemein das Verschwinden der ersten drei Limites bewiesen werden könnte. Das Verschwinden des zweiten und dritten Limes ist übrigens eine Folge des Verschwindens des ersten, denn $g(t)$ ist beschränkt und aus der SCHWARZschen Ungleichung folgt z. B.

$$\left| \frac{1}{B-A} \int_A^B F(t+s)\,\overline{g(s)}\, ds \right|^2 \leq \text{const}\, \frac{1}{B-A} \int_A^B |F(t+s)|^2\, ds.$$

Es braucht also nur

$$\lim_{A=-\infty,\, B=\infty} \frac{1}{B-A} \int_A^B F(s)\,\overline{F(s)}\, ds = 0 \tag{5.6}$$

bewiesen zu werden. Nun ist das Integralmittel links gleich

$$\frac{1}{B-A} \int_A^B ds \int_{-\infty}^{+\infty} \int_{-\infty}^{+\infty} e^{is(\lambda-\mu)}\, dV(\lambda)\, dV(\mu).$$

Da wegen der absoluten Konvergenz die Reihenfolge der Integrationen vertauschbar ist, hat dieses Integral den Wert

$$\int_{-\infty}^{+\infty} \int_{-\infty}^{+\infty} \frac{e^{iB(\lambda-\mu)} - e^{iA(\lambda-\mu)}}{i(B-A)(\lambda-\mu)}\, dV(\lambda)\, dV(\mu). \tag{5.7}$$

Durch Einschalten der neuen Integrationsgrenzen $\lambda = \mu \pm \delta$ erhält man nun leicht

$$\left| \int_{-\infty}^{+\infty} \frac{e^{iB(\lambda-\mu)} - e^{iA(\lambda-\mu)}}{i(B-A)(\lambda-\mu)}\, dV(\lambda) \right| \leq \frac{2}{\delta(B-A)} \int_{-\infty}^{+\infty} |dV(\lambda)| + 2 \int_{\mu-\delta}^{\mu+\delta} |dV(\lambda)|,$$

woraus sich für den Absolutbetrag des Integrales (5. 7) die obere Schranke

$$\frac{2}{\delta(B-A)}\left[\int_{-\infty}^{+\infty}|dV(\lambda)|\right]^2 + 2\operatorname*{Max}_{\mu}\int_{u-\delta}^{\mu+\delta}|dV(\lambda)|\cdot\int_{-\infty}^{+\infty}|dV(\lambda)|$$

ergibt. Daraus folgt wegen der Stetigkeit von V (5.6), und der Satz ist bewiesen. Übrigens lehrt der Beweis, daß der $\varphi(t)$ definierende Grenzwert bereits für $B - A \to \infty$ existiert.

Dem Beweise entnimmt man die für spätere Anwendungen wichtige Limesformel

$$\lim_{B-A=\infty}\frac{1}{B-A}\int_A^B|f(t)-\sum_\lambda[v(\lambda+0)-v(\lambda)]\,e^{i\lambda t}|^2\,dt = 0. \quad (5.8)$$

Bei der Summation kommen nur die Sprungstellen λ von v vor.

Nebenbei sei noch folgendes bemerkt: Die im letzten Teil des obigen Beweises angestellte Überlegung zeigt auch, daß

$$\lim_{B-A=\infty}\frac{1}{B-A}\int_A^B f(t)\,e^{-it\lambda}\,dt = v(\lambda+0)-v(\lambda)$$

gilt. Aus den obigen Beziehungen folgt daher die Vollständigkeitsrelation

$$\lim_{B-A=\infty}\frac{1}{B-A}\int_A^B|f(t)|^2\,dt = \sum_\lambda\left|\lim_{B-A=\infty}\frac{1}{B-A}\int_A^B f(t)\,e^{-it\lambda}\,dt\right|^2, \quad (5.9)$$

wobei nur diejenigen abzählbar vielen λ vorkommen, für welche der Mittelwert von Null verschieden ist.

Es sei noch einmal hervorgehoben, daß der Mittelwert von $|f(t)|^2$ verschwindet, wenn die Verteilungsfunktion $v(\lambda)$ von $f(t)$ keine Sprünge besitzt. Ist die Verteilungsfunktion sogar totalstetig, so verschwindet bekanntlich nach LEBESGUE $f(t)$ selbst im Unendlichen.

Diese Ergebnisse sind für die Anwendung auf die Spektralzerlegung des Gesamtbildes einer mechanischen Strömung von Bedeutung. Es muß jedoch schon hier hervorgehoben werden, daß die individuellen Bewegungen sich im allgemeinen nicht durch Funktionen der speziellen Form (5.4) erfassen lassen, jedenfalls nicht mit Belegungen v von beschränkter Variation. Nach obigem Satze ist die Spektralenergie jener Funktionen eine reine Sprungfunktion. Bei den Bewegungen eines „allgemeinen" mechanischen Systems ist jedoch $S(\lambda)$ stetig, höchstens bis auf $\lambda = 0$.

§ 6. Spektralzerlegung unitärer Operatorenscharen.

Mit $f, g, \varphi, \ldots$ seien Elemente des komplexen HILBERTschen Raumes $\mathfrak{H}$ bezeichnet. In $\mathfrak{H}$ ist ein bilineares inneres Produkt (f, g) erklärt,

$$(g, f) = \overline{(f, g)}; \quad (f, f) > 0, \quad f \neq 0; \quad \|f\| = \sqrt{(f, f)}.$$

Es erfüllt bekanntlich die SCHWARZsche Ungleichung

$$|(g, f)| \leqq \|g\| \cdot \|f\|.$$

Wir benötigen hier aus der Theorie des HILBERTschen Raumes nur den Satz, daß ein (komplexwertiges) beschränktes, lineares Funktional $l(f)$,

$$|l(f)| \leqq C \|f\|$$

eindeutig in der Form

$$l(f) = (f, g_0)$$

mit festem g_0 darstellbar ist[1].

Ein in $\mathfrak{H}$ definierter Operator L heißt hermitesch, wenn für alle f, g

$$(Lf, g) = (f, Lg)$$

gilt. Er heißt unitär (U), wenn U^{-1} in ganz $\mathfrak{H}$ definiert ist und wenn stets

$$(Uf, Ug) = (f, g) \tag{6.1}$$

gilt.

Der lineare Operator E heißt Einzeloperator, falls

$$EE = E$$

erfüllt ist.

Wir betrachten neben einzelnen unitären Operatoren U auch lineare Gruppen U_t unitärer Operatoren,

$$U_s U_t = U_{s+t}, \quad U_0 = I \tag{6.2}$$

wo I die Identität bedeutet. Daraus folgt $U_{-t} = U_t^{-1}$.

Die Gruppe heißt stetig in t, wenn $(U_t f, g)$ stets in t stetig ist. Entsprechend sei Meßbarkeit in t definiert. Aus der Meßbarkeit folgt von selbst die Stetigkeit, wie sich im folgenden mitergeben wird.

Für einen einzelnen unitären Operator U und für eine in t meßbare lineare Gruppe unitärer Operatoren U_t existiert eine eindeutige

Spektralzerlegung. *Es gilt für alle f, g*

$$(U^n f, g) = \int_0^{2\pi} e^{in\lambda} d(E_\lambda f, g) \tag{6.3}$$

und analog

$$(U_t f, g) = \int_{-\infty}^{+\infty} e^{it\lambda} d(E_\lambda f, g) \tag{6.4}$$

für jedes t. Die E_λ bilden eine aufsteigende Schar hermitescher Einzeloperatoren,

$$E_\lambda E_\mu = E_\sigma, \quad \sigma = \mathrm{Min}\,(\lambda, \mu),$$

---

[1] Vgl. etwa STONE [1].

[2] WINTNER [1].

[3] STONE [1] und [2], v. NEUMANN [3]. Der hier geführte Beweis lehnt sich an BOCHNER [3] an.

mit den Normierungseigenschaften $E_{\lambda-0} = E_\lambda$ und $E_0 = 0$, $E_{2\pi} = I$ bzw. $E_{-\infty} = 0$, $E_\infty = I$. Diese Relationen sind als symbolischer Ausdruck für das entsprechende Verhalten von $(E_\lambda f, g)$ aufzufassen.

Beweis. Hierzu sind die beiden Sätze von § 4 heranzuziehen. Wir betrachten nur den Fall einer Gruppe U_t. Bei einzelnem U verläuft der Beweis ganz analog. $(U_t f, f)$ ist nun eine positiv definite Funktion von t. Für eine beschränkte und abbrechende Funktion $q(t)$ definiert nämlich

$$\int_{-\infty}^{+\infty} q(t)\,(U_t f, g)\,dt = (Vf, g)$$

eindeutig einen linearen Operator V in $\mathfrak{H}$; denn die linke Seite ist bei festem f der Konjugiertwert $\overline{l(g)}$ eines linearen Funktionals. Seine Beschränktheit folgt aus

$$|(U_t f, g)| \leqq \|U_t f\| \cdot \|g\| = \|f\| \cdot \|g\|. \tag{6.5}$$

In $l(g) = (g, h_0)$ geht indessen h_0 aus f vermittels einer linearen Operation hervor. Nun ist

$$F(x - y) = (U_{x-y} f, f) = (U_{-y} U_x f, U_{-y} U_y f) = (U_x f, U_y f)$$

also

$$\int\int F(x - y)\, q(x)\, \overline{q(y)}\, dx\, dy = \int\int (U_x f, U_y f)\, q(x)\, \overline{q(y)}\, dx\, dy$$

$$= \int (Vf, U_y f)\, \overline{q(y)}\, dy = \overline{\int (U_y f, Vf)\, q(y)\, dy} = (Vf, Vf) \geqq 0.$$

Nach Satz 4.2 gilt also für fast alle t

$$(U_t f, f) = \int e^{it\lambda}\, dQ_\lambda(f) \tag{6.6}$$

mit eindeutig bestimmter, nirgends abnehmender Verteilungsfunktion $Q_\lambda(f)$. Da $(U_t f, g)$ Linearkombination gewisser $(U_t \varphi, \varphi)$, nämlich von $(U_t(f \pm ig), f \pm ig)$ und $(U_t(f \pm g), f \pm g)$ ist, folgt

$$(U_t f, g) = \int e^{it\lambda}\, dQ_\lambda(f, g) \tag{6.7}$$

mit eindeutig bestimmter (jedoch nicht mehr reeller) Verteilungsfunktion $Q_\lambda(f, g)$. Aus der Eindeutigkeit schließt man: $Q_\lambda(f, g)$ ist ebenso wie (f, g) bilinear in f, g, und wegen

$$\overline{(U_{-t} g, f)} = (f, U_{-t} g) = (U_t f, g)$$

gilt

$$Q_\lambda(g, f) = \overline{Q_\lambda(f, g)}. \tag{6.8}$$

Ferner hat man

$$0 = Q_{-\infty}(f) \leqq Q_\lambda(f) = Q_\lambda(f, f) \leqq Q_\infty(f).$$

Also gilt die SCHWARZsche Ungleichung

$$|Q_\lambda(f, g)|^2 \leqq Q_\lambda(f)\, Q_\lambda(g).$$

2*

Andererseits ist wegen der Stetigkeit des FOURIER-Integrales

$$\lim_{t=0}(U_t f,\, f) = \int d\,Q_\lambda(f) = Q_\infty(f)$$

(wenn in $t \to 0$ die Ausnahmewerte von t vermieden werden). Wegen (6.5), $g = f$, ergibt sich dann

$$Q_\lambda(f) \leqq Q_\infty(f) \leqq (f,\, f).$$

Ähnlich wie am Anfange des Beweises erhält man

$$Q_\lambda(f,\, g) = (E_\lambda f,\, g)$$

mit eindeutig bestimmtem linearem Operator E_λ. (6.8) bedeutet, daß E_λ hermitesch ist. Offenbar gilt $E_{-\infty} = 0$ und $E_{\lambda-0} = E_\lambda$.

Wendet man nun die Formel

$$\int \varphi(\lambda)\,\psi(\lambda)\,dv(\lambda) = \int \varphi(\lambda)\,d\int^{\lambda}\psi(s)\,dv(s),$$

wo im Integrationsintervalle φ,ψ stetig und beschränkt sind und v von beschränkter Variation ist, auf

$$\int e^{it\lambda}e^{is\lambda}\,d(E_\lambda f,\, g)$$

an, so ergibt sich für fast alle t

$$(U_{t+s}f,\, g) = \int e^{it\lambda}\,d\int_{-\infty}^{\lambda} e^{is\mu}\,d(E_\mu f,\, g).$$

In ihrer Abhängigkeit von λ besitzt die Belegung alle Eigenschaften einer Verteilungsfunktion. Andererseits ist für fast alle t

$$(U_{t+s}f,\, g) = (U_t U_s f,\, g) = \int e^{it\lambda}\,d(E_\lambda U_s f,\, g).$$

Aus der Eindeutigkeit folgt also

$$(E_\lambda U_s f,\, g) = \int_{-\infty}^{\lambda} e^{is\mu}\,d(E_\mu f,\, g) = \int_{-\infty}^{+\infty} e^{is\mu}\,d_\mu(E_\sigma f,\, g),$$

wo im rechten Integral $\sigma = \mathrm{Min}\,(\lambda,\,\mu)$ zu setzen ist. Man kann auch

$$(E_\lambda U_s f,\, g) = (U_s f,\, E_\lambda g) = \int_{-\infty}^{+\infty} e^{is\mu}\,d_\mu(E_\mu f,\, E_\lambda g)$$

schreiben (fast alle s), woraus wieder wegen der Eindeutigkeit

$$(E_\sigma f,\, g) = (E_\mu f,\, E_\lambda g) = (E_\lambda E_\mu f,\, g),$$

also $E_\sigma = E_\lambda E_\mu$ folgt. Damit ist alles bis auf $E_\infty = I$ bewiesen. Wenn nun U_t stetig von t abhängt, gilt (6.7) für $t = 0$,

$$(U_0 f,\, g) = (f,\, g) = Q_\infty(f,\, g) = (E_\infty f,\, g),$$

und daraus folgt die gewünschte Relation.

Bei nur meßbarem U_t muß erst die Stetigkeit erschlossen werden. Oben wurde gezeigt, daß jedenfalls $(U_t f,\, g)$ mit einer stetigen Funktion von t in fast allen t übereinstimmt. Die Nullmenge kann noch von f, g abhängen. Wählt man nun eine in $\mathfrak{H}$ dichte Folge f_ν, so darf in

$$(U_t f_\nu, f_\mu) = F_{\nu,\mu}(t) + a_{\nu,\mu}(t)$$

die Ausnahmenullmenge N unabhängig von ν, μ fest gewählt werden. $F_{\nu,\mu}$ ist stetig, und es gilt

$$a_{\nu,\mu}(t) = 0, \quad t \text{ nicht in } N.$$

Da $(U_t f, g)$ gleichmäßig in $-\infty < t < \infty$ durch $(U_t f_\nu, f_\mu)$ approximiert werden kann, folgt ganz allgemein

$$(U_t f, g) = F(t) + a(t); \quad a = 0, \quad t \text{ nicht in } N$$

mit stetigem F und derselben Nullmenge N. Ersetzt man hier f durch $U_s f$, so folgt ähnlich

$$(U_{t+s} f, g) = G(t) + b(t).$$

Ersetzt man jedoch t durch $t + s$, so ergibt sich durch Vergleich

$$F(t + s) - G(t) = b(t) - a(s + t)$$

für alle t. Da die linke Seite stetig von t abhängt und die rechte Seite nur in einer Nullmenge von Null verschieden ist, folgt $b(t) = a(s + t)$ für alle t. Bei beliebigem t wähle man nun s so, daß $s + t$ nicht in N liegt. Wegen $a = 0$ folgt dann $b(t) = 0$ für alle t, also auch $a \equiv 0$, w. z. b. w.

Unter einer Sprungstelle von E_λ wird eine Stelle λ verstanden, an welcher $(E_\lambda f, g)$ für mindestens ein Paar f, g einen Sprung aufweist. E_λ besitzt höchstens abzählbar viele Sprungstellen. Betrachtet man nämlich eine in $\mathfrak{H}$ dichte Folge f_ν, so ist die Gesamtheit der Sprungstellen aller (abzählbar vielen) Funktionen $(E_\lambda f_\nu, g_\mu)$ gewiß abzählbar. Wegen

$$(E_\lambda f, E_\lambda f) = (f, E_\lambda^2 f) = (f, E_\lambda f) = |(f, E_\lambda f)| \leqq \|f\| \cdot \|E_\lambda f\|,$$

also

$$\|E_\lambda f\| \leqq \|f\|,$$

läßt sich $(E_\lambda f, g)$ gleichmäßig in λ durch Funktionen jener abzählbaren Menge approximieren. An einer Stelle, an der sämtliche Funktionen dieser Menge stetig sind, ist daher auch die Grenzfunktion stetig. Daraus folgt die Behauptung.

§ 7. Einiges vom Punktspektrum[1].

Definition 7.1. *Die Zahl λ heißt Eigenfrequenz des unitären Operators U, wenn es ein Element $\varphi \neq 0$ mit $U\varphi = e^{i\lambda} \varphi$ gibt. φ heißt ein zur Eigenfrequenz λ gehöriges Eigenelement.*

---

[1] Vgl. etwa Stone [1].

Da aus $U\varphi = e^{i\lambda}\varphi$, $U\psi = e^{i\mu}\psi$ die Gleichung $(\varphi, \psi) = (U\varphi, U\psi)$ $= e^{i(\lambda - \bar{\mu})}(\varphi, \psi)$ folgt, gilt: Jede Eigenfrequenz ist reell, zu (mod 2π) verschiedenen Eigenfrequenzen gehörige Eigenelemente sind zueinander orthogonal.

Definition 7.2. *λ heißt Eigenfrequenz der Gruppe U_t, wenn es ein Element $\varphi \neq 0$ gibt derart, daß $U_t\varphi = e^{it\lambda}\varphi$ für alle t gilt. φ heißt ein zu λ gehöriges Eigenelement.*

Die Eigenfrequenzen sind reell, zu schlechthin verschiedenen Eigenfrequenzen gehörige Eigenelemente sind zueinander orthogonal.

Die Eigenfrequenzen sind mit den Sprungstellen von E_λ identisch. Die zu λ gehörigen Eigenelemente gehen durch Anwendung der Operation $E_{\lambda+0} - E_\lambda$ auf ein beliebiges Element von $\mathfrak{H}$ hervor.

Zum Beweise betrachte man eine Sprungstelle $\lambda = \mu$ von E_λ. Der Operator $E_{\mu+0}$ ist eindeutig durch $\lim\limits_{\lambda=\mu+0} (E_\lambda f, g)$ definiert. Dieser Grenzwert ist nämlich wieder Konjugiertwert eines beschränkten linearen Funktionals von g. Ersetzt man in der Spektraldarstellung, z. B. von $(U_t f, g)$, das Element f durch $(E_{\mu+0} - E_\mu)f = \varphi$, so erhält man wegen der Identität

$$E_\lambda(E_{\mu+0} - E_\mu) = \begin{cases} 0, & \lambda \leq \mu, \\ E_{\mu+0} - E_\mu, & \lambda > \mu, \end{cases}$$

sofort

$$(U_t\varphi, g) = e^{i\mu t}(\varphi, g)$$

für alle g. Umgekehrt wird jedes Eigenelement auf diese Weise erhalten. Gehört nämlich φ zur Eigenfrequenz μ, so folgt aus der Spektraldarstellung, wenn man f durch φ ersetzt,

$$(U_t\varphi, g) = e^{i\mu t}(\varphi, g) = \int e^{i\lambda t} d(E_\lambda\varphi, g),$$

also nach dem Eindeutigkeitssatze

$$E_\lambda\varphi = \begin{cases} 0, \lambda \leq \mu, \\ \varphi, \lambda > \mu, \end{cases} \qquad (E_{\mu+0} - E_\mu)\varphi = \varphi. \tag{7.1}$$

Orthonormiert man die zur selben Eigenfrequenz gehörigen Eigenelemente, so bildet die Gesamtheit dieser Elemente ein normiertes Orthogonalsystem. Es ist vollständig, wenn das Spektrum von U bzw. U_t ein reines Punktspektrum ist, d. h. wenn $(E_\lambda f, g)$ stets eine reine Sprungfunktion ist. Aus der Spektraldarstellung folgt dann nämlich für $n = 0$ bzw. $t = 0$

$$(f, g) = \sum_\lambda ([E_{\lambda+0} - E_\lambda]f, g)$$

erstreckt über alle Eigenfrequenzen $\lambda = \lambda_\nu$. Sind nun $\varphi_1', \varphi_2', \ldots$ die zu λ gehörigen orthonormierten Eigenelemente, so gilt

$$(E_{\lambda+0} - E_\lambda)f = \Sigma c_i\varphi_i'; \quad c_i = ([E_{\lambda+0} - E_\lambda]f, \varphi_i') = (f, [E_{\lambda+0} - E_\lambda]\varphi_i') = (f, \varphi_i').$$

also

$$([E_{\lambda+0} - E_\lambda] f, g) = \sum (f, \varphi_i') \cdot \overline{(g, \varphi_i')}.$$

Daraus ergibt sich die Vollständigkeitsrelation für (f, g).

§ 8. Mittelwertrelationen.

U sei wieder ein unitärer Operator in $\mathfrak{H}$. Dann gilt der

Satz 8.1. *Zu jedem Element f gibt es ein U-Mittel f^*, d. h. es gilt im Sinne starker Konvergenz*

$$\lim_{n-m=\infty} \frac{1}{n-m} \sum_m^{n-1} U^\nu f = f^*.$$

f^* ist ein zu $\lambda = 0$ gehöriges Eigenelement, d. h. f^* ist gegenüber U invariant[1].

Beweis. Man betrachte zunächst die Elemente der Form $U\varphi - \varphi$, φ in $\mathfrak{H}$. Nimmt man alle Häufungselemente im Sinne starker Konvergenz hinzu, so entsteht eine abgeschlossene lineare Mannigfaltigkeit $\mathfrak{M}$. Setzt man allgemein

$$V_{n,m} f = \frac{1}{n-m} \sum_m^{n-1} U^\nu f, \tag{8.1}$$

so ist im Falle $f = U\varphi - \varphi$

$$V_{n,m} f = \frac{U^n \varphi - U^m \varphi}{n-m}, \quad \|V_{n,m} f\| \leqq \frac{\|U^n \varphi\| + \|U^m \varphi\|}{n-m} = \frac{2\|\varphi\|}{n-m} \to 0.$$

Ist f Häufungselement von Elementen $f' = U\varphi - \varphi$, so folgt

$$\|V_{n,m} f - V_{n,m} f'\| = \|V_{n,m}(f - f')\| \leqq \frac{1}{n-m} \sum_m^{n-1} \|U^\nu(f - f')\| = \|f - f'\|,$$

somit

$$\|V_{n,m} f\| \leqq \|V_{n,m} f'\| + \|f - f'\|.$$

Also gilt auch in diesem Falle

$$V_{n,m} f \to 0, \quad n - m \to \infty.$$

Nun läßt sich bekanntlich jedes Element f in der Form $f = g + h$ schreiben, wo g zu $\mathfrak{M}$ gehört und h zu allen Elementen von $\mathfrak{M}$ orthogonal ist, d. h. wo

$$0 = (h, U\varphi - \varphi) = (h, U\varphi) - (h, \varphi) = (U^{-1}h, \varphi) - (h, \varphi) = (U^{-1}h - h, \varphi)$$

für alle φ von $\mathfrak{H}$ gilt. Daraus folgt aber $U^{-1}h = h$, also $h = Uh$.

---

[1] v. Neumann [1], Carleman [1] und [2]; vgl. auch E. Hopf [2], sowie die Zusatzbemerkungen in v. Neumann [4]. Nach einer mündlichen Mitteilung von Herrn v. Neumann rührt der hier wiedergegebene unveröffentlichte Beweis von F. Riesz her.

Für g ist der Satz schon bewiesen (mit dem Limes Null). Für h ist

$$V_{n,\,m} h = h \to h\,.$$

Damit ist wegen $f^* = h$ der Beweis vollständig erbracht.

Aus der für irgendein U-invariantes φ bestehenden Gleichung

$$(V_{n,\,m} f, \varphi) = \frac{1}{n-m} \sum_{m}^{n-1} (U^\nu f, \varphi)\,, \qquad (U^\nu f, \varphi) = (f, U^{-\nu}\varphi) = (f, \varphi)$$

folgt, da erst recht schwache Konvergenz stattfindet,

$$(f^*, \varphi) = (f, \varphi)\,. \tag{8.2}$$

Durch diese für alle invarianten φ geltende Relation ist f^* eindeutig bestimmt. Aus der Spektralzerlegung folgt, daß die Bildung des U-Mittels mit der Operation $E_{+0} - E_0$ identisch ist. Wegen (7.1) folgt nämlich aus (8.2)

$$(f^*, \varphi) = (f, [E_{+0} - E_0]\varphi) = ([E_{+0} - E_0]f, \varphi)\,,$$

also

$$(f^* - [E_{+0} - E_0]f, \varphi) = 0$$

für alle invarianten φ. Da das vor dem Komma stehende Element auch invariant ist, folgt die Richtigkeit der Aussage.

Für eine meßbare, also stetige Gruppe U_t gilt analog der

Satz 8.2. *Jedes f besitzt ein U_t-Mittel im Sinne starker Konvergenz,*

$$\lim_{T-S=\infty} \frac{1}{T-S} \int_S^T U_t f\, dt = f^*\,.$$

f^* ist gegenüber allen U_t invariant[1].

Beweis. Der Operator $V_{S,\,T}$ ist durch

$$(V_{S,\,T} f, g) = \frac{1}{T-S} \int_S^T (U_t f, g)\, dt\,, \qquad V_{S,\,T} = \frac{1}{T-S} \int_S^T U_t f\, dt \tag{8.3}$$

eindeutig definiert. Es genügt,

$$V_T f \to f^*\,, \qquad V_T = V_{0,\,T} \tag{8.4}$$

zu beweisen, da

$$V_{S,\,T} f = V_{T-S} U_S f = U_S V_{T-S} f;\qquad f^* = U_S f^*$$

ist. Bei ganzzahligem $T = n$ erhält man nun durch Einschalten der ganzzahligen Zwischenwerte als Integrationsgrenzen, $U_1 = U$,

$$V_n f \equiv \frac{1}{n} \sum_0^{n-1} U^\nu(V_1 f)\,.$$

---

[1] S. Fußnote 1 auf S. 23.

Hier ist der vorangehende Satz unmittelbar anwendbar. Ist bei beliebigem $T > 0 : n = [T]$, so schreibe man

$$V_T f = \frac{[T]}{T} V_n f + \frac{1}{T} \int_n^T U_t f \, dt.$$

Dabei ist wegen

gewiß $\qquad |(U_t f, U_s f)| \leq \| U_t f \| \cdot \| U_s f \| = \| f \|^2$

$$\left\| \int_n^T U_t f \, dt \right\|^2 = \left(\int_n^T U_t f \, dt, \int_n^T U_s f \, ds \right) = \int_n^T \int_n^T (U_t f, U_s f) \, ds \, dt \leq \| f \|^2.$$

Die U_t-Invarianz von f^* erschließt man direkt.

Genau wie bei einzelnem U folgt die Gültigkeit der Relation (8.2) für jedes U_t-invariante φ. Durch sie ist f^* wieder eindeutig bestimmt. Auch hier gilt $f^* = (E_{+0} - E_0) f$.

Von besonderem Interesse ist für die Anwendungen der Fall, wo $\lambda = 0$ eine einfache Eigenfrequenz ist. Ist φ_0 das zugehörige Eigenelement, so ergibt sich durch Berechnung von c in $f^* = c \varphi_0$ vermittels (8.2) $\varphi = \varphi_0$,

$$f^* = \frac{(f, \varphi_0)}{(\varphi_0, \varphi_0)} \varphi_0 . \tag{8.5}$$

Ist $\lambda = 0$ keine Eigenfrequenz, so ist stets $f^* = 0$.

Da mit U_t auch $e^{-i\mu t} U_t$ eine lineare Gruppe unitärer Operatoren darstellt, folgt aus Satz 8.2 allgemeiner die Existenz des starken Grenzwertes

$$\lim_{T-S=\infty} \frac{1}{T-S} \int_S^T e^{-i\mu t} U_t f \, dt = \hat{f}. \tag{8.6}$$

Dabei ist $\hat{f}$ gegenüber der neuen Gruppe invariant, i. a. W. $\hat{f}$ ist entweder ein zu $\lambda = \mu$ gehöriges Eigenelement oder es ist $\hat{f} = 0$. Im übrigen lehrt die Spektralformel, daß der Übergang zur neuen Gruppe einfach in einer Verschiebung des Spektrums resultiert. Es ist $\hat{f} = E_{\mu+0} f - E_\mu f$. Analoge Tatsachen bestehen bei einzelnem U.

Für mechanische Anwendungen brauchen wir noch die Formel

$$\lim_{T-S=\infty} \frac{1}{T-S} \int_S^T \left| (U_t f, g) - \sum_\lambda e^{i\lambda t}([E_{\lambda+0} - E_\lambda] f, g) \right|^2 dt = 0, \tag{8.7}$$

mit über alle Eigenfrequenzen λ erstreckter Summation. Sie folgt durch Anwendung von (5.8) auf die Spektralformel. Als Spezialfall ergibt sich

Satz 8.3. *Gibt es keine Eigenfrequenzen außer* $\lambda = 0$, *so gilt*

$$\lim_{T-S=\infty} \frac{1}{T-S} \int_S^T \left| (U_t f, g) - (f^*, g) \right|^2 dt = 0. \tag{8.8}$$

Ist $\lambda = 0$ einfach und φ_0 das zugehörige Eigenelement, so gilt (8.5), d. h.

$$(f^*, g) = \frac{(f, \varphi_0)\,\overline{(g, \varphi_0)}}{(\varphi_0, \varphi_0)} \cdot {}^1 \tag{8.9}$$

Nebenbei sei bemerkt, daß für den Beweis aller dieser Tatsachen die Spektralzerlegung von U bzw. U_t entbehrlich ist. Man muß dann von der Vollständigkeitsrelation (5.8) oder (5.9) Gebrauch machen.

III. Kapitel.

Statistik bei Abbildungen und Strömungen.

§ 9. Zeitmittel und Ergodenhypothese. Das Spektrum.

Wir legen wieder einen Körper $\mathfrak{K}$ von Teilmengen von Ω, seine Borel-Erweiterung $B\mathfrak{K}$ und ein in $B\mathfrak{K}$ definiertes Lebesguesches Maß m zugrunde. Damit die Sätze des vorigen Kapitels anwendbar werden, sei noch folgendes vorausgesetzt. Es gibt ein System $\mathfrak{S}$ von abzählbar vielen, $B\mathfrak{K}$ angehörenden Mengen derart, daß jede Menge aus $\mathfrak{K}$ bis auf eine Nullmenge durch paarweise fremde Mengen von $\mathfrak{S}$ ausgeschöpft werden kann. In Teilgebieten des Euklidischen Raumes mit dem Euklidischen Maß erfüllen z. B. die Parallelepipede mit rationalen Mittelpunktskoordinaten und rationalen Seitenlängen diese Forderung.

Der Hilbertsche Raum aller zu L^2 gehörigen Funktionen f besitzt dann wirklich die im vorigen Kapitel benützte Eigenschaft der Separabilität, d. h. es gibt eine in ihm überall dichte Folge f_n.

Nach den Ergebnissen von § 3 und § 6 besitzt jene m-treue eineindeutige Abbildung von Ω auf sich, sowie jede m-treue und meßbare, also m-stetige Strömung in Ω ein ganz bestimmtes Spektrum. Die zugehörigen unitären Operatoren sind nicht beliebig, sondern genügen der Bedingung

$$U fg = U f\, U g.\,{}^2 \tag{9.1}$$

Das Punktspektrum einer Strömung hat folgende Bedeutung. Damit $f = f(P)$ ein zu $\lambda = 0$ gehöriges Eigenelement sei, d. h. damit f gegenüber allen U_t invariant sei, ist notwendig und hinreichend, daß bei beliebigem festem t

$$f(P_t) = f(P)$$

---

¹ E. Hopf [3], auch [5]. Koopman and v. Neumann [1].

² Ist für eine Realisierung von $\mathfrak{H}$ durch die L^2-Funktionen in einem Raume Ω diese Bedingung stets erfüllt, so gehört auch umgekehrt zu U eine bestimmte maßtreue Abbildung. Analoges gilt für Operatorenscharen. Vgl. v. Neumann [4].

für fast alle P gelte. Die Nullmenge kann dabei von t abhängen. Es handelt sich also um die im großen eindeutigen „Integrale" der Strömung. Die Einbeziehung bloß meßbarer Funktionen in diesen klassischen Begriff wird sich bald als notwendig und in der Natur der Sache liegend erweisen. Allgemein sind die Eigenelemente von U_t durch die Forderung gekennzeichnet, daß bei beliebigem festem t

$$f(P_t) = e^{i\lambda t} f(P)$$

für fast alle P gelten soll.

Der Absolutbetrag einer Eigenfunktion ist invariant im obigen Sinne (Integral). Gehört f zu λ, so gehört $\bar{f}$ zu $-\lambda$. Gehört $f(g)$ zu $\lambda(\mu)$, so gehört das Produkt fg zu $\lambda + \mu$. Das Punktspektrum einer Strömung bildet einen Additivmodul[1].

Mit $f(P)$ ist auch, wenn $f \neq 0$ überall in Ω angenommen wird, $f/|f|$ eine zur gleichen Eigenfrequenz gehörige Eigenfunktion. Zur letzteren gehört, da sie vom Betrage Eins ist, ein bestimmter Winkel $\Theta(P)$, $0 \leq \Theta < 2\pi$. $\Theta(P)$ ist ebenfalls meßbar und genügt bei jedem t der Gleichung

$$\Theta(P_t) = \lambda t + \Theta(P) \quad (\mathrm{mod}\ 2\pi)$$

für fast alle P, ist also eine „Winkelvariable" der Strömung[1].

Zur Umgehung der oben zugelassenen Ausnahmemengen brauchen wir den

Hilfssatz 9.1. *Zu jeder Eigenfunktion $f(P)$ der Strömung im obigen Sinne gibt es dann eine mit ihr fast überall übereinstimmende Eigenfunktion $f'(P)$ derart, daß*

$$f'(P_t) = e^{i\lambda t} f'(P)$$

ausnahmslos, d. h. für alle P, t gilt[2].

Beweis. Man darf also z. B. den Begriff des Integrals im Sinne strikter Konstanz längs einer jeden Stromlinie auffassen. Der Durchsichtigkeit halber sei der Beweis nur für Integrale geführt, $f(P_t) = f(P)$. Nach der Voraussetzung des besagten Kriteriums ist $f(P_t)$ meßbar in (P, t). Also ist die (P, t)-Menge, in der $f(P_t) \neq f(P)$ stattfindet, meßbar. Da für jedes feste t die Ausnahme-P in Ω eine Nullmenge bilden, ist nach FUBINI die obige (P, t)-Menge vom Maß Null in $\Omega \times (t)$. Wiederum nach FUBINI gilt also: Für alle P außerhalb einer festen Nullmenge N in Ω ist $f(P_t) = f(P)$ für fast alle t.

Aus

$$P_a \subset \Omega - N, \quad P_b \subset \Omega - N \tag{9.2}$$

folgt nun

$$f((P_a)_t) = f(P_a), \quad f((P_b)_s) = f(P_b)$$

---

[1] KOOPMAN [1].
[2] v. NEUMANN [4].

für fast alle t bzw. s. Verknüpft man s, t durch $s = t + a - b$, so gelten beide Gleichungen gleichzeitig für fast alle t. Wählt man ein derartiges t, so folgt wegen

$$(P_a)_t = P_{t+a} = (P_b)_{t+a-b} = (P_b)_s$$

die Gleichheit der Werte von f in den äußersten Punkten. Also ist $f(P_a) = f(P_b)$, wofern nur P_a, P_b der Bedingung (9.2) genügen, d. h. auf allen außerhalb N gelegenen Teilen einer Stromlinie nimmt f einen strikt konstanten Wert an. Wir definieren dann $f' = f$ in $\Omega - N$, und setzen f' in N gleich jenem konstanten Wert, falls die durch P gehende Stromlinie überhaupt nach $\Omega - N$ gelangt. Tut sie das nicht, so setze man $f' = 0$. f' ist offenbar die verlangte Funktion.

Auf Strömungen angewandt, liefert Satz 8.2 den

Statistischen Ergodensatz. *Jede zu L^2 gehörige Funktion $f(P)$ besitzt ein ebenfalls zu L^2 gehöriges Zeitmittel $f^*(P)$ im Sinne starker Konvergenz,*

$$\lim_{T-S=\infty} \left\| \frac{1}{T-S} \int_S^T f(P_t)\, dt - f^*(P) \right\| = 0.$$

f^* ist gegenüber der Strömung invariant und durch die für jedes invariante h geltende Relation

$$(f, h) = (f^*, h) \tag{9.3}$$

eindeutig bestimmt[1].

Ist f die charakteristische Funktion einer Menge A, so stellt f^* die mittlere Verweilzeit des wandernden Punktes P_t in A dar.

Definition 9.1. *Die Strömung heißt bei endlichem $m(\Omega)$ ergodisch, wenn für jedes $f(P)$ aus L^2 das Zeitmittel in Ω fast überall konstant ist.*

Zur Ergodizität ist bereits hinreichend, daß diese Forderung bei den Funktionen einer in $\mathfrak{H}$ dichten Folge zutrifft. Setzt man nämlich in (9.3) $h = f^*$, so folgt aus der SCHWARZschen Ungleichung leicht

$$\|f^*\| \leqq \|f\|.$$

Wendet man dies auf $f - f_n$ an, wo die f_n die erwähnte Folge bilden, so folgt die Richtigkeit der Behauptung, da jedes f_n^* fast überall konstant ist. Die Ergodizität folgt also bereits daraus, daß die mittlere Verweildauer in jeder der Mengen von $\mathfrak{K}$, oder von $\mathfrak{S}$ (z. B. in Parallelepipeden oder Kugeln) bis auf eine Nullmenge konstant ist. Ergodizität im obigen Sinne ist demnach die Forderung, welche der BOLTZMANNschen statistischen Mechanik in Wirklichkeit zugrunde liegt[2].

---

[1] Vgl. Fußnote 1 S. 23. Es besteht sogar gewöhnliche Konvergenz in fast allen P (individueller Ergodensatz), BIRKHOFF [1]. Obwohl vor v. NEUMANN [1] erschienen, wurde es etwas später gefunden.

[2] v. NEUMANN [1], [2] und [4].

Im ergodischen Falle ist $\lambda = 0$ einfache Eigenfrequenz mit keinen anderen Eigenfunktionen als den Konstanten. Es gilt also (8.5), $\varphi_0 = 1$,

$$f^* = \frac{(1, f)}{(1, 1)} = \frac{\int_\Omega f\, dm}{m(\Omega)}. \tag{9.4}$$

Insbesondere ist die Verweilzeit in einer Menge A gleich $m(A)/m(\Omega)$. Läßt man in Definition 9.1 die Forderung der Endlichkeit von $m(\Omega)$ fallen, so ist im Falle $m(\Omega) = \infty$ $\lambda = 0$ keine Eigenfrequenz. Dann ist stets $f^* = 0$, $f \subset L^2$. Die genauere Untersuchung dieses Falles erfordert ganz andere Hilfsmittel als die bisherigen und sei auf später verschoben.

Definition 9.2. *Bei endlichem als auch unendlichem $m(\Omega)$ heiße die Strömung metrisch transitiv, wenn für jede meßbare und invariante Menge A entweder A oder $\Omega - A$ eine Nullmenge ist*[1].

Invarianz einer Menge bedeutet hierbei Invarianz ihrer charakteristischen Funktion. Aus dem Hilfssatz 9.1 folgt, daß es zu jeder meßbaren und invarianten Menge eine ihr im wesentlichen gleiche, strikt invariante, d. h. aus ganzen Stromlinien bestehende Menge gibt. Es bedeutet also dasselbe, wenn in Definition 9.2 strikte Invarianz verlangt wird.

Folgerungen aus der metrischen Transitivität. Bei gewöhnlichen mechanischen Strömungen läßt sich das obige Mengensystem $\mathfrak{S}$ aus Umgebungen aufbauen. Man nennt eine einzelne Stromlinie transitiv, falls sie in Ω überall dicht liegt. Ist nun die Strömung metrisch transitiv, so müssen für fast alle Punkte P die hindurchgehenden Stromlinien transitiv sein[2]. Hierzu braucht nur gezeigt zu werden, daß für jede Menge A des Systems $\mathfrak{S}$ die Stromlinien, welche mit A keinen Punkt gemein haben, eine Nullmenge bilden. Diese Linien haben nämlich mit keinem A_t gemeinsame Punkte, also auch nicht mit

$$B = \sum_r A_r,$$

wo r alle rationalen Zahlen durchläuft. B ist nun meßbar und invariant in dem Sinne, daß $B_t = B$ für alle rationalen t gilt. Aus dem Bestehen von $m(CB_t) = m(CB)$ für alle rationalen t folgt aber wegen der Stetigkeit (Definition 3.3) die Gültigkeit für alle t, d. h. die Invarianz von B. Da B keine Nullmenge ist, muß $\Omega - B$ es sein. Die letztere Menge enthält aber die betrachteten Stromlinien.

Die Umkehrung dieser Behauptung ist im allgemeinen wahrscheinlich falsch. Ob sie bei analytischen Strömungen zutrifft, ist jedenfalls noch unerwiesen. Die Frage ist die, ob es bei „vernünftigen" Strömungen vorkommen kann, daß die Gesamtheit der Stromlinien in zwei je überall dichte Teile positiven Maßes zerlegbar ist.

---

[1] BIRKHOFF and SMITH [1].   [2] CARLEMAX [2].

Satz 9.2. *Bei endlichem $m(\Omega)$ ist die Ergodizität gleichbedeutend mit der metrischen Transitivität[1].*

Beweis. Ganz allgemein ist metrische Transitivität damit gleichbedeutend, daß die Konstanten (bis auf Nullmengen) die einzigen meßbaren und invarianten Funktionen sind; denn ist f invariant, so ist jede Menge $f > a$ invariant. Ist nun jede invariante Funktion eine Konstante, so trifft dies für jedes Zeitmittel zu, i. a. W. die Strömung ist ergodisch. Besteht, umgekehrt, Ergodizität im Sinne von Definition 9.1, so folgt die Konstanz bei den zu L^2 gehörigen invarianten Funktionen aus ihrer Identität mit ihren Zeitmitteln. Da wegen $m(\Omega) < \infty$ die charakteristische Funktion jeder meßbaren und invarianten Menge invariant und zu L^2 gehörig ist, folgt die metrische Transitivität. Im Falle $m(\Omega) = \infty$ versagt der Schluß.

Satz 9.3. *Im ergodischen Falle sind sämtliche Eigenfrequenzen einfach. Jede Eigenfunktion ist fast überall von konstantem Betrage[1].*

Beweis. $\lambda = 0$ ist einfach, und die zugehörigen Eigenfunktionen sind die Konstanten. Gehören f, f' beide zur Eigenfrequenz λ, so gehören sowohl f'/f als auch $|f|$ zu $\lambda = 0$, sie sind also im wesentlichen Konstante.

Es könnte künstlich, ja sogar unnötig erscheinen, zur Untersuchung der Zeitmittel $f^*(P)$ die umfangreiche Klasse der lediglich meßbaren Funktionen heranzuziehen. Demgegenüber sei ohne Beweis bemerkt, daß bei „allgemeinen" ergodischen Strömungen, sogar im analytischen Falle, ein stetiges $f(P)$ angebbar ist, dessen Zeitmittel vom Werte (9.4) in einer überall dichten Menge von Stromlinien abweicht. Typisch ist in diesem Sinne das später behandelte Problem der geodätischen Linien auf Flächen der Krümmung -1.

Nicht typisch ist folgendes klassische Beispiel einer ergodischen Strömung auf dem n-dimensionalen Torus $x_i(\mathrm{mod}\,1)$, $i = 1, 2, \ldots, n$,

$$P = (x_1, x_2, \ldots, x_n), \qquad P_t = (x_1 + a_1 t, x_2 + a_2 t, \ldots, x_n + a_n t),$$

wo die a_i linear unabhängig sind. Das Maßelement $dx_1\,dx_2\ldots dx_n$ ist invariant. Gehört das invariante f zu L^2, so müssen die formalen Fourierreihen von $f(P_t)$ und $f(P)$ identisch sein. Beim Übergang von der zweiten zur ersten erhält jedoch das Glied

$$A\,e^{2\pi i(k_1 x_1 + \cdots + k_n x_n)} \tag{9.5}$$

den Faktor

$$e^{2\pi i t(k_1 a_1 + \cdots + k_n a_n)},$$

welcher nur dann für alle t gleich Eins ausfällt, wenn

$$k_1 = k_2 = \cdots = k_n = 0$$

ist. Die Reihe reduziert sich also auf das konstante Glied, d. h. f ist fast überall konstant[2]. Darüber hinaus ist bekannt, daß das Zeitmittel

---

[1] v. Neumann [1] und [4].   [2] E. Hopf [2].

eines beliebigen RIEMANN-integrablen f im Sinne gleichmäßiger Konvergenz existiert und konstant ist[1]. Übrigens sieht man leicht, daß diese Strömung ein reines Punktspektrum besitzt. Man erhält $E_\lambda f$ aus f, indem man in der Fourierreihe von f nur diejenigen Glieder beibehält, die der Bedingung

$$2\pi(k_1 a_1 + \cdots + k_n a_n) < \lambda$$

genügen. Die Eigenfrequenzen sind alle einfach, und die zugehörigen Eigenfunktionen sind (9.5).

Zur Frage, inwieweit eine ergodische Strömung durch ihr Spektrum charakterisiert ist, läßt sich folgendes Resultat anführen. Eine ergodische Strömung mit reinem Punktspektrum ist durch dasselbe im wesentlichen, d. h. bis auf eine m-treue Koordinatentransformation, eindeutig bestimmt. Ferner läßt sich auch jeder Additivmodul reeller Zahlen als Punktspektrum einer ergodischen Strömung mit reinem Punktspektrum auffassen[2].

Eine m-treue und m-stetige Strömung, $m(\Omega) < \infty$, besteht bis auf eine Nullmenge in Ω aus invarianten, ergodischen Bestandteilen[3].

Dies ergibt sich durch Reduktion der Strömung vermittels ihrer „im großen eindeutigen Integrale"[3].

Es ist unmittelbar ersichtlich, wie die obigen Begriffsbildungen und Sätze bei einer einzelnen Abbildung zu fassen sind.

§ 10. Anwendung auf ein Verteilungsproblem.

Satz 10.1. *Jedes zu L^1 gehörige $f(P)$ besitzt ein ebenfalls zu L^1 gehöriges Zeitmittel $f^*(P)$ im Sinne starker L^1-Konvergenz. Dabei ist $m(\Omega) < \infty$ vorausgesetzt.*

Beweis. Für ein solches f ist $f(P_t)$ eine meßbare Funktion von (P, t). Aus

$$(T - S)\int_\Omega f\,dm = \int_S^T dt \int_\Omega f(P)\,dm = \int_S^T dt \int_\Omega f(P_t)\,dm$$

folgt nach FUBINI ihre Summierbarkeit in $\Omega \times (S, T)$. Streng genommen müßte man erst f als Differenz zweier nichtnegativer und summierbarer Funktionen schreiben und einzeln vorgehen. Das Integral

$$\int_S^T f(P_t)\,dt$$

---

[1] H. WEYL [1].

[2] v. NEUMANN [4]. Dort findet man auch ein vom WEYLschen verschiedenes Beispiel.

[3] v. NEUMANN [1] und [4], wo sich eine präzise Formulierung nebst Beweis findet. Daß bei dieser Zerlegung die gestaltlichen Verhältnisse sehr verwickelt sein können, selbst für analytische Strömungen, wird durch die obigen Bemerkungen nahegelegt. Eine noch weitergehende Zerlegung findet sich bei KRYLOFF und BOGOLIOUBOFF [2].

existiert also für fast alle P. Es ist

$$\left| \int\limits_{\Omega} dm \, \frac{1}{T-S} \int\limits_{S}^{T} f(P_t)\, dt \right| \leq \int\limits_{\Omega} |f(P)|\, dm. \tag{10.1}$$

Wegen $m(\Omega) < \infty$ folgt aus der Zugehörigkeit einer Funktion zu L^2 die zu L^1. Da man nun nach dem Approximationssatze f L^1-stark durch Funktionen f_n aus L^2 approximieren kann, ergibt sich der Satz leicht durch Anwendung von (10.1) auf die Differenzen $f - f_n$.

$f(P, v)$ sei im Produktraume $\Omega \times (v)$ summierbar. Dann ist auch $g(Q, u) = f(Q, u/s)$ bei festem s im Produktraume der (Q, u) summierbar. Im Integrale

$$\int\limits_{\Omega} \int\limits_{0}^{\infty} g(Q, u) \, dm \, du \tag{10.2}$$

führe man die Substitution

$$Q = P_v, \quad u = v \tag{10.3}$$

aus. Diese eineindeutige Abbildung von $\Omega \times (v)$ auf sich und ihre Inverse führen jede meßbare Teilmenge des Produktraumes in eine ebensolche über, wobei das Produktmaß $d\mu = dm\, dv$ erhalten bleibt. Es genügt, den Beweis im Falle zu führen, wo die Menge das Produkt einer meßbaren Teilmenge A von Ω und eines endlichen v-Intervalles ist. Eine solche Menge geht aber in einen endlichen v-Abschnitt der durch A erzeugten Stromröhre über. Aus der Meßbarkeit derselben (die Strömung ist meßbar!) folgt dann die Meßbarkeit des Bildes. Zur Berechnung des μ-Maßes darf daher der Satz von FUBINI herangezogen werden. Der Durchschnitt mit fast jeder „Ebene" $v = $ const ist meßbar und m-treu gegenüber (10.3). Also ist (10.3) μ-treu. Setzt man (10.3) in (10.2) ein, so ergibt sich

$$\int\limits_{\Omega} \int\limits_{0}^{\infty} g(P_v, v)\, dm\, dv.$$

Nach FUBINI existiert also bei beliebigem festem s

$$\frac{1}{s} \int\limits_{0}^{\infty} g(P_v, v)\, dv = \int\limits_{0}^{\infty} g(P_{sv}, s\,v)\, dv = \int\limits_{0}^{\infty} f(P_{sv}, v)\, dv$$

für fast alle P im Sinne absoluter Konvergenz und stellt eine zu L^1 gehörige Funktion dar. Von ihr gilt der

Satz 10.2. *Es ist*

$$\lim_{|t|=\infty} \int\limits_{\Omega} |\Phi(P, t) - \Phi^*(P)|\, dm = 0;$$

$$\Phi(P, t) = \int\limits_{0}^{\infty} f(P_{tv}, v)\, dv, \qquad \Phi^*(P) = \int\limits_{0}^{\infty} f^*(P, v)\, dv,$$

wo $f^*(P, v)$ das bei festem v gebildete Zeitmittel von $f(P, v)$ bedeutet.

Beweis. Man bemerke zunächst, daß der Satz im Falle

$$f(P, v) = f(P) g(v), \qquad g = \begin{cases} 1, & 0 \leq v < a, \\ 0, & a \leq v < \infty \end{cases} \tag{10.4}$$

mit Satz 10.1 zusammenfällt; denn dann ist

$$\Phi(P, t) = \int\limits_0^a f(P_{tv}) \, dv = a \cdot \frac{1}{a\,t} \int\limits_0^{at} f(P_s) \, ds; \qquad \Phi^*(P) = a f^*(P).$$

Im allgemeinen Falle kann man nach dem Approximationssatze immer eine endliche Summe

$$f_n(P, v) = \sum f(P) g(v)$$

mit summierbaren f, g angeben derart, daß

$$\int\limits_\Omega \int\limits_0^\infty |f(P, v) - f_n(P, v)| \, dm \, dv < \frac{1}{n}$$

ausfällt. Durch nochmalige Anwendung dieses Satzes kann man erreichen, daß die $g(v)$ charakteristische Funktionen endlicher Intervalle, sogar von der Form (10.4) sind. Setzt man

$$\Phi_n(P, t) = \int\limits_0^\infty f_n(P_{tv}, v) \, dv, \qquad \Phi^*(P) = \int\limits_0^\infty f_n^*(P, v) \, dv,$$

so folgt

$$\int\limits_\Omega |\Phi_n(P, t) - \Phi(P, t)| \, dm \leq \int\limits_\Omega \int\limits_0^\infty |f_n(P_{vt}, v) - f(P_{vt}, v)| \, dm \, dv < \frac{1}{n}.$$

Die linke Seite strebt daher für $n \to \infty$ gleichmäßig in t nach Null. Ferner ist

$$\int\limits_\Omega |\Phi_n^*(P) - \Phi^*(P)| \, dm \leq \int\limits_\Omega \int\limits_0^\infty |\{f_n(P, v) - f(P, v)\}^*| \, dm$$

$$\leq \int\limits_\Omega \int\limits_0^\infty |f_n(P, v) - f(P, v)| \, dm < \frac{1}{n}$$

unter Benutzung der Ungleichung $(1, |\varphi^*|) \leq (1, |\varphi|)$. Daraus ergibt sich der Satz in vollem Umfange.

Wir wenden diesen Satz auf die Strömung $P \to P_t$ an, welche der geradlinigen und gleichförmigen Bewegung (mit der Geschwindigkeit Eins) eines Punktes in einem Gefäße mit elastischer Reflexion an den Wänden entspricht. Die Phase P ist dann das Linienelement (Punkt, Richtung). Der Phasenraum ist also das Produkt des Gefäßinneren mit der Richtungskugel. Das invariante Maß in Ω ist bekanntlich $dm = dV \, d\sigma$, wo dV das Volumelement im Gefäß und $d\sigma$ das Flächenelement auf der Richtungskugel bedeuten.

Man denke sich zur Zeit $t = 0$ einen kontinuierlichen Haufen von Punkten verschiedener Geschwindigkeiten v mit kontinuierlicher Verteilung hinsichtlich der Anfangsphasen und Geschwindigkeiten gegeben. $f(P, v)\, dm\, dv$ sei die relative Anzahl der Teilchen im Elemente $dm\, dv$ des erweiterten Phasenraumes $\Omega \times (v)$,

$$\iint\limits_{\Omega}\int\limits_{0}^{\infty} f(P, v)\, dm\, dv = 1\,.$$

Zur Berechnung der Verteilung zur Zeit t betrachte man einen Teil A dieses Raumes und seine charakteristische Funktion $g(P, v)$. Die Anzahl der Teilchen, die sich zur Zeit t in A befinden, ist gleich

$$\iint f(Q, v)\, g(Q_{vt}, v)\, dm\, dv$$

(hat Q die Geschwindigkeit v, so befindet es sich zur Zeit t in Q_{vt}), oder, da dm bei der Substitution $P = Q_{vt}$ invariant bleibt,

$$\iint\limits_{\Omega}\int\limits_{0}^{\infty} f(P_{-vt}, v)\, g(P, v)\, dm\, dv\,. \tag{10.5}$$

Aus dem Satz 10.2[1] folgt nun für $t \to \infty$ die Konvergenz dieser Anzahl gegen einen Grenzwert. Die Verteilung wird stationär. Wohlgemerkt besteht nicht direkte Konvergenz der Dichte f, sondern der Anzahlen, d. h. schwache Konvergenz der Dichte. Die Grenzdichte, d. h. die Dichte der Grenzverteilung, ist nach jenem Satze gleich

$$f^*(P, v)\,. \tag{10.6}$$

Die Aussage des Satzes läßt sich auch direkt veranschaulichen. Die Anzahl derjenigen Teilchen beliebiger Geschwindigkeiten v, welche sich nach Ablauf der Zeit t in dm_P und zusammen mit ihren Geschwindigkeiten in A anfinden, ist

$$dm_P \int\limits_{0}^{\infty} f(P_{-vt}, v)\, g(P, v)\, dv\,.$$

Die Dichte dieser Anzahl strebt L^1-stark gegen eine Grenzfunktion,

$$\int\limits_{0}^{\infty} f^*(P, v)\, g(P, v)\, dv\,.$$

Von besonderem Interesse ist der Fall, wo die Strömung bei konstanter Geschwindigkeit $v = 1$ ergodisch ist. Dann hängt die Grenzdichte (10.6),

$$f^*(P, v) = \frac{\int\limits_{\Omega} f(Q, v)\, dm}{m(\Omega)}$$

____

[1] Vielmehr aus der analog bewiesenen Verallgemeinerung auf den Fall

$$\Phi(P, t) = \int\limits_{0}^{\infty} f(P_{tv}, v)\, g(P, v)\, dv\,.$$

Dabei darf g eine beschränkte und meßbare Funktion von (P, v) sein.

nur von v ab, und die Anzahl der Teilchen, die sich ohne Rücksicht auf die Geschwindigkeiten im Teile α von Ω anfinden, strebt gegen $m(\alpha)/m(\Omega)$.

Das einfachste Beispiel, bei welchem dies der Fall ist, wird durch die kleinen Planeten geliefert. Hierzu denke man sich das obige Gefäß durch eine Kreislinie ersetzt mit sehr vielen Punkten verschiedener Geschwindigkeiten, die sich auf ihr in positivem Sinne gleichförmig bewegen[1]. Die Verteilung wird dann auf ihr gleichförmig, da die Strömung

$$P = \varphi\,(\mathrm{mod}\,2\pi), \qquad P_t = \varphi + t\,(\mathrm{mod}\,2\pi) \tag{10.7}$$

ergodisch ist.

§ 11. Tendenz gegen stationäre Verteilung. Mischung.

Eine wichtige Klasse bilden bei endlichem $m(\Omega)$ diejenigen meßbaren und m-treuen Strömungen, bei welchen

$$\lim_{t=\infty}(U_t f, g) = (f^*, g) \tag{11.1}$$

für irgend zwei Funktionen f, g aus L^2 gilt. Aus der bloßen Existenz des Limes folgt bereits, daß er den angegebenen Wert hat. Dies folgt aus dem statistischen Ergodensatz mit Hilfe der Tatsache, daß auch das Integralmittel bezüglich t denselben Limes besitzt. Wegen $(U_t f, g) = (f, U_{-t} g)$ gilt (11.1) automatisch für $t \to -\infty$.

Die statistische Interpretation ist folgende: $f(P)$ sei die Häufigkeitsdichte einer Verteilung von Phasen in Ω. $g(P)$ sei die charakteristische Funktion eines Teiles A von Ω. Dann ist die Anzahl der nach Ablauf der Zeit t in A befindlichen Teilchen jener wandernder Phasenwolke gleich

$$\int_\Omega f(P)\, g(P_t)\, dm = (f, U_t g) = (U_{-t} f, g) \ [2].$$

Sie strebt für $t \to \infty$ einem Limes zu, d. h. die Wolke verteilt sich stationär. Das in § 10 behandelte Beispiel ordnet sich diesem Typus unter, wenn die dortige Strömung nicht auf den „Integralflächen" $v = \mathrm{const.}$, sondern in ihrer Gesamtheit, d. h. im Produktraume betrachtet wird,

$$\Pi = (P, v), \qquad \Pi_t = (P_{vt}, v).$$

(11.1) gilt bereits dann, wenn es für die charakteristischen Funktionen irgend zweier Mengen des Körpers $\mathfrak{K}$ oder auch des Mengensystems $\mathfrak{S}$ besteht. Der Limes ist nämlich dann auch bei den endlichen Summen f', g' solcher Funktionen vorhanden. Alles übrige folgt aus dem Approximationssatze von § 2 und der Ungleichung (3.6), welche die Gleichmäßigkeit der Approximation hinsichtlich t nach sich zieht.

---

[1] Poincaré [1], Einleitung und p. 320 ff.
[2] Poincaré [1], p. 320 ff.

Von großem Interesse ist der Fall, wo im Laufe der Zeit jeder Teil von Ω gleichmäßig über Ω verteilt wird.

Definition 11.1. *Die Strömung heißt vom Mischungstypus, wenn stets*

$$\lim_{t=\infty}(U_t f, g) = \frac{(f, 1) \cdot \overline{(g, 1)}}{(1, 1)} = \frac{\int_\Omega f \, dm \int_\Omega \bar{g} \, dm}{m(\Omega)} \qquad (11.2)$$

gilt.

Insbesondere gilt dann für irgend zwei meßbare Teile von Ω

$$\lim_{t=\infty} m(A_t B) = \frac{m(A)\, m(B)}{m(\Omega)} . \qquad (11.3)$$

Definition 11.2. *Man spricht vom Mischungstypus im weiteren Sinne, wenn stets*

$$\lim_{T-S=\infty} \frac{1}{T-S} \int_T^S \left| (U_t f, g) - \frac{(f, 1)\, \overline{(g, 1)}}{(1, 1)} \right|^2 dt = 0 \qquad (11.4)$$

gilt.

Zugehörigkeit zu einem dieser Typen ist bereits dann sichergestellt, wenn die betreffende Definition bereits bei den charakteristischen Funktionen der Mengen von $\Re$ oder von $\mathfrak{S}$ zutrifft. Denn für diese Funktionen gilt notwendigerweise

$$f^* = \frac{(f, 1)}{(1, 1)} .$$

Daher gilt es, wie schon in § 9 erwähnt wurde, allgemein. Außerdem gilt stets (11.1) im engeren bzw. weiteren Sinne. In ähnlicher Weise folgt übrigens, daß (11.2) bzw. (11.4) auch für alle f aus L^1 und alle meßbaren und beschränkten g gelten muß.

Mit Definition 11.2 ist folgende Aussage[1] gleichwertig: Auf der t-Achse läßt sich eine von f, g unabhängige, feste Menge M der Dichte Null,

$$\lim_{T-S=\infty} \frac{1}{T-S}\, m\{M \cdot (S, T)\} = 0 ,$$

angeben derart, daß (11.2) gilt, wenn t unter Vermeidung dieser Zahlenmenge über alle Grenzen wächst.

Mit einer in $\mathfrak{H}$ überall dichten Folge f_n bilde man die Funktion

$$\sigma(t) = \sum_{1,1}^{\infty,\infty} 2^{-n-m} \frac{|(U_t f_n, f_m) - (f_n^*, f_m)|^2}{\|f_n\|^2 \cdot \|f_m\|^2} .$$

Sie wird, wie man leicht sieht, durch die Reihe

$$\sum 2^{-n-m} \cdot 4$$

majorisiert und stellt somit eine stetige Funktion von t dar. Ferner ist

$$\lim_{T-S=\infty} \frac{1}{T-S} \int_S^T \sigma(t)\, dt = 0 .$$

---

[1] Koopman and v. Neumann [1].

Daraus folgt die Existenz eines M der Dichte Null derart, daß bei Vermeidung von M
$$\lim_{t=\infty} \sigma(t) = 0$$

gilt. Es läßt sich auch zeigen, daß man M als Summe von Intervallen wählen kann derart, daß jedes endliche t-Intervall höchstens endlich viele derselben enthält. Wenn $t\,M$ vermeidet, ist erst recht (11.2) für $f = f_n$, $g = f_m$ richtig. Wegen (3.6) gilt es also allgemein.

Schon oben wurde bemerkt, daß eine Strömung vom Mischungstypus (im weiteren Sinne) ergodisch sein muß. Das Umgekehrte ist falsch. Gleichbedeutend mit Ergodizität ist, daß $\lambda = 0$ eine einfache Eigenfrequenz ist. Jedoch gilt der

Erster Mischungssatz. *Damit eine Strömung vom Mischungstypus im weiteren Sinne sei, ist notwendig und hinreichend, daß $\lambda = 0$ die einzige und eine einfache Eigenfrequenz sei; oder, daß die Strömung weder nichtkonstante „Integrale" noch „Winkelvariable" besitze*[1].

Beweis. Die Notwendigkeit ist klar. Ist nämlich f eine Eigenfunktion, $U_t f = e^{i\lambda t} f$, so folgt durch Einsetzen in (11.4) im Falle $\lambda \neq 0$ wegen $(f, 1) = 0$: $f \equiv 0$. Daß die Bedingung auch hinreichend ist, folgt unmittelbar aus Satz 8.3.

Ebenso ergibt sich allgemeiner die Einzigkeit von $\lambda = 0$ als Eigenfrequenz oder die Nichtexistenz von Winkelvariablen als äquivalent mit der Tendenz gegen stationäre Verteilung im weiteren Sinne.

Die Mischungsströmungen lassen sich noch leichter in folgender Weise charakterisieren. Die Strömung $P \to P_t$ erzeugt nämlich im symmetrischen Produktraume $\Omega^2 = \Omega \times \Omega$ eine Produktströmung
$$\Pi = (P, Q) = (Q, P), \qquad \Pi_t = (P_t, Q_t).$$
Wir setzen
$$\langle F, G \rangle = \int_\Omega \int_\Omega F(P, Q)\, \overline{G(P, Q)}\, dm_P\, dm_Q.$$

Die Produktströmung läßt das Maß
$$\mu = \int \int dm_P\, dm_Q$$
invariant. Dann gilt der

Zweiter Mischungssatz. *Damit eine Strömung zum Mischungstypus im weiteren Sinne gehöre, ist notwendig und hinreichend, daß die zugehörige Produktströmung ergodisch oder metrisch transitiv sei*[2].

Beweis. Die Gleichung
$$\lim_{T-S=\infty} \frac{1}{T-S} \int_S^T |(U_t f, g) - (f^*, g)|^2\, dt = 0 \tag{11.5}$$

---

[1] E. HOPF [3], KOOPMAN and v. NEUMANN [1]. Vgl. auch KHINTCHINE [2]. In der ersten Arbeit findet sich auch eine andere Bedingung.

[2] E. HOPF [4]. Vgl. auch E. HOPF [6], wo auf die Bedeutung des Mischungsbegriffes für die Erklärung der Stabilität der Häufigkeitserscheinungen in der Natur eingegangen wird.

ist wegen

$$\lim_{T-S=\infty} \frac{1}{T-S} \int_S^T (U_t f, g)\, dt = (f^*, g)$$

mit

$$\lim_{T-S=\infty} \frac{1}{T-S} \int_S^T |(U_t f, g)|^2\, dt = |(f^*, g)|^2 \qquad (11.6)$$

gleichbedeutend. Setzt man

$$F(\Pi) = f(P)\, f(Q), \qquad G(\Pi) = g(P)\, g(Q), \qquad (11.7)$$

und

$$\tilde{F}(\Pi) = f^*(P)\, f^*(Q), \qquad (11.8)$$

so erhält man, wenn von jetzt ab nur reellwertige Funktionen zugelassen werden,

$$\langle U_t F, G \rangle = (U_t f, g)^2, \qquad \langle \tilde{F}, G \rangle = (f^*, g)^2.$$

(11.6) kann also

$$\lim_{T-S=\infty} \frac{1}{T-S} \int_S^T \langle U_t F, G \rangle\, dt = \langle \tilde{F}, G \rangle$$

geschrieben werden. Andererseits ist nach dem Ergodensatz dieser Limes gleich

$$\langle F^*, G \rangle,$$

wo $F^*(\Pi)$ das Zeitmittel von F bedeutet. Daher ist (11.5) vollkommen gleichbedeutend mit der Relation

$$\langle \tilde{F} - F^*, G \rangle = 0, \qquad (11.9)$$

wo $F, G, \tilde{F}$ durch (11.7) und (11.8) definiert sind.

Ist nun die Produktströmung ergodisch, so ist sie metrisch transitiv. Gleiches gilt daher von der gegebenen Strömung. Man erhält

$$f^* = \frac{(f, 1)}{(1, 1)}; \qquad F^* = \frac{\langle F, 1 \rangle}{\langle 1, 1 \rangle} = \frac{(f, 1)^2}{(1, 1)^2} = f^{*2} = \tilde{F}$$

und damit (11.9).

Ist, umgekehrt, die gegebene Strömung vom Mischungstypus, so muß (11.9) nach dem Korollar zum Approximationssatz 2.1 überhaupt für alle G gelten, die in Ω^2 zu L^2 gehören. Also ist

$$\tilde{F}(\Pi) = f^*(P)\, f^*(Q) = \frac{(f, 1)^2}{(1, 1)^2} = \text{const}.$$

Übrigens beweist man leicht, daß die Produktströmung auch vom Mischungstypus ist.

Die Bedingung des Satzes bedeutet statistisch, daß zwei verschiedene Punkte in Ω sich nach langer Zeit voneinander unabhängig bewegen.

Zusammenhang zwischen den Mischungssätzen. Zwischen den Spektren einer Strömung und ihrer Produktströmung besteht ein bestimmter Zusammenhang. Jede Eigenfunktion der letzteren (die Eigenfrequenz sei λ) läßt sich als bilineare Kombination von Eigenfunktionen der ersteren darstellen, wobei in jedem auftretenden Produkte die Frequenzen der beiden Faktoren die Summe λ haben. Diese hier nur angedeutete Tatsache, insbesondere der Spezialfall $\lambda = 0$, macht die Art und Weise verständlich, in der im folgenden der erste Mischungssatz direkt aus dem zweiten gefolgert wird. Statt der harmonischen Analyse wird jetzt die Theorie der Integralgleichungen mit reellem symmetrischem Kern herangezogen.

Wir behandeln den einfacheren Fall einer einzigen m-treuen Abbildung $P \to P_1$. Der zweite Mischungssatz gilt offenbar auch hier. Wir beweisen nun den ersten.

Der nichttriviale Teil der Behauptung kann so formuliert werden: Hat die Produktabbildung wesentlich nichtkonstante Integrale, so besitzt die ursprüngliche Abbildung Eigenfunktionen mit $\lambda \neq 0$. Es kann angenommen werden, daß die letztere ergodisch ist, d. h. nur die Konstanten zu Integralen hat. Es sei

$$F(P_1, Q_1) \equiv F(P, Q) \tag{11.10}$$

mit reellem, symmetrischem, wesentlich nichtkonstantem und zu L^2 gehörigem F. Der reduzierte Kern

$$K(P, Q) = F(P, Q) - \frac{\int\limits_{\Omega} \int\limits_{\Omega} F \, d\mu}{\mu(\Omega^2)}$$

hat die gleichen Eigenschaften. Der (reelle) vollstetige und hermitesche Operator

$$Lf = \int\limits_{\Omega} K(P, Q) \, f(Q) \, dm_Q$$

ist nun mit U vertauschbar. Wegen der Invarianz von m und wegen (11.10) ist nämlich

$$ULf = \int\limits_{\Omega} K(P_1, Q) \, f(Q) \, dm_Q = \int\limits_{\Omega} K(P_1, Q_1) \, f(Q_1) \, dm_Q = LUf.$$

Ferner ist der Kern als Funktion eines der beiden Punkte zu allen Integralen der gegebenen Abbildung $P \to P_1$, d. h. zu allen Konstanten orthogonal. Wegen $UL1 = LU1 = L1$ ist $L1$ invariant gegenüber $P \to P_1$, also konstant, $L1 = c$. Wegen

$$c(1, 1) = (L1, 1) = \int\int K \, d\mu = \int\int F \, d\mu - \int\int F \, d\mu = 0$$

verschwindet sie.

Da K nicht identisch Null ist, besitzt es mindestens einen Eigenwert γ und eine zugehörige Eigenfunktion

$$\varphi = \gamma L\varphi, \qquad \varphi \neq 0. \tag{11.11}$$

Die Eigenwerte sind von endlicher Vielfachheit. $\varphi_1, \varphi_2, \ldots, \varphi_n$ seien die zu γ gehörigen orthonormierten Eigenfunktionen. Aus der Vertauschbarkeit folgt nun, daß mit φ auch $U\varphi$ Eigenfunktion ist. Also ist

$$U\varphi_i = \sum c_{i\nu}\varphi_\nu; \qquad i = 1, \ldots, n.$$

Da wegen der Unitarität von U auch die $U\varphi_i$ orthonormiert sind, ist die Matrix $\|c_{ik}\|$ unitär. Ihre charakteristischen Wurzeln ζ sind also vom Betrage Eins, und zu jedem ζ gibt es ein nicht identisch verschwindendes $\varphi = \sum a_\nu \varphi_\nu$ mit

$$U\varphi = \zeta\varphi.$$

Alles ist bewiesen, wenn $\zeta \neq 1$ ist. $\zeta = 1$ ist aber ausgeschlossen, denn dann wäre φ U-invariant, also konstant. Wegen (11.11) und wegen $L1 = 0$ wäre es also identisch Null.

Damit ergibt sich die Mischungsrelation

$$\lim_{n-m=\infty} \frac{1}{n-m} \sum_m^{n-1} \left| (U^\nu f, g) - \frac{(f, 1)\,\overline{(g, 1)}}{(1, 1)} \right|^2 = 0, \qquad (11.12)$$

falls die Abbildung außer den Konstanten keine Eigenfunktionen besitzt.

Den ersten Mischungssatz für Strömungen kann man aus dem für Abbildungen herleiten, indem man erstens zeigt, daß aus der Einzigkeit und Einfachheit von $\lambda = 0$ bei der Gruppe U_t gleiches bei $U = U_1$ folgt, und zweitens, daß aus (11.12) sich (11.4) ergibt. Die erste Behauptung folgt durch Fourieranalyse, und die zweite ergibt sich, wenn in (11.12) f durch $U_s f$ ersetzt wird und (11.12) über $0 < s < 1$ integriert wird. Man beachte dabei, daß $(U_s f, 1) = (f, 1)$ ist. Die resultierende Summe läßt sich als Integral von $S = m$ bis $T = n$ schreiben.

Eine Extremumeigenschaft. Für irgend zwei Teilmengen A, B von Ω gilt

$$\lim_{T-S=\infty} \frac{1}{T-S} \int_S^T m(A A_t)\, m(B B_t)\, dt \geqq \left(\frac{m(A)\, m(B)}{m(\Omega)}\right)^2.$$

Das Gleichheitszeichen gilt, wenn die Strömung vom Mischungstypus im weiteren Sinne ist. Für $B = \Omega$ folgt

$$\lim_{T-S=\infty} \frac{1}{T-S} \int_S^T m(A A_t)\, dt \geqq \frac{m^2(A)}{m(\Omega)} \cdot {}^1$$

Das Gleichheitszeichen gilt bereits bei ergodischer Strömung.

Beweis. Setzt man in (9.3) $h = 1$ und $h = f^*$, so folgt $(f, 1) = (f^*, 1)$ und $(f, f^*) = (f^*, f^*)$. Wendet man auf $(f^*, 1)$ die SCHWARZsche Ungleichung an, so ergibt sich

$$(f, f^*) \geqq \frac{(f, 1)^2}{(1, 1)} \cdot$$

---

^{1} KHINTCHINE [**3**]. Der obige Beweis ist kürzer als dort.

Im ergodischen Falle besteht Gleichheit. Bei der Produktströmung in $\Omega \times \Omega$ mit Berücksichtigung der Reihenfolge gilt analog

$$\langle F, F^* \rangle \geqq \frac{\langle F, 1 \rangle^2}{\langle 1, 1 \rangle}$$

mit dem Gleichheitszeichen, wenn die gegebene Strömung vom Mischungstypus ist. Die linke Seite ist gleich

$$\lim_{T-S=\infty} \frac{1}{T-S} \int_S^T \langle F, U_t F \rangle \, dt .$$

Setzt man hier $F(P, Q) = f(P)g(Q)$, so ergibt sich die Behauptung.

§ 12. Beispiele.

Die beiden extremen Typen ergodischer Strömungen sind die mit reinem Punktspektrum, z. B. die am Ende von § 9 erwähnte, und die mit reinem Streckenspektrum, bis auf die Sprungstelle $\lambda = 0$. Die letzteren sind gerade die vom Mischungstypus. Wahrscheinlich stellen sie den „allgemeinen Fall" dar. Indessen ist es nicht leicht, mit den gegenwärtigen mathematischen Mitteln Beispiele bei mechanischen Strömungen herzustellen, und bei den meisten klassischen Problemen der Dynamik stößt die Frage nach der metrischen Transitivität noch auf große Schwierigkeiten. Wie später deutlich werden wird, gibt es jedoch belangreiche Anwendungen auf andere Gebiete, bei welchen die Entscheidung bereits getroffen werden kann.

Strömungen lassen sich nach folgendem Muster aus einzelnen Abbildungen herstellen. $P \to P_1 = T(P)$ sei eine eineindeutige m-treue Abbildung von Ω auf sich. Mit der reellen Variablen u bilde man den Produktraum der Punkte (P, u), wobei

$$(P, u + 1) \equiv (P_1, u)$$

identifiziert werden sollen. $\Omega \times (u)$, $0 \leqq u < 1$, ist ein Fundamentalgebiet. Die Strömung sei

$$\Pi = (P, u), \qquad \Pi_t = (P, u + t). \tag{12.1}$$

$d\mu = dm\,du$ ist dann invariant. Im $\Omega \times \langle 0, 1)$ verläuft die Strömung so, daß P fest bleibt und u gleichförmig wächst. Wird jedoch der obere Rand $u = 1$ erreicht, so geht es bei $(P_1, 0)$ weiter. Statt $u = 1$ könnte auch allgemeiner $u = f(P) > 0$ die Rolle der oberen Berandung übernehmen. Dann müssen

$$(P, u + f(P)) \equiv (P_1, u) \tag{12.2}$$

identifiziert werden.

Ist nun die Abbildung $P \to P_1$ vom Mischungstypus in einem der beiden Sinne, so ist auch die oben dem einfachsten Falle $f = 1$ entsprechende Strömung $\Pi \to \Pi_t$ vom gleichen Mischungstypus. Von der einzelnen Abbildung $\Pi \to \Pi_1$ von $\Omega \times (u)$ auf sich selbst ist das sofort einzusehen, wenn man zunächst Funktionen der Form $F, G = \varphi(P)\,\psi(u)$ betrachtet und dann mit Hilfe von Satz 2.1 und einer Ungleichung der Form (3.6) zu allgemeinen $F(\Pi)$, $G(\Pi)$ übergeht. Es gilt also

$$\lim_{n=\infty} \langle U_{n+s} F, G \rangle = \frac{\langle F, 1 \rangle \langle G, 1 \rangle}{\langle 1, 1 \rangle}$$

für jedes feste s. Nach (3.6) ist jedoch das innere Produkt links für alle n gleichgradig stetig in s, $0 \leq s \leq 1$, und daher ist die Konvergenz gleichmäßig in s. Analoges besteht bei Mischung im weiteren Sinne.

Im Falle eines nichtkonstanten f gilt dies im allgemeinen nicht mehr (siehe das zweite der folgenden Beispiele, wo durch geeignetes f die Eigenfunktionen herausgeschafft werden).

Eine Mischungstransformation. Ω sei das Einheitsquadrat $0 \leq x < 1$, $0 \leq y < 1$, der (x, y)-Ebene. Die affine Transformation

$$T': \quad x' = 2x, \quad y' = \tfrac{1}{2}y$$

bildet Ω auf ein Rechteck halber Höhe und doppelter Breite ab. Die zweite Transformation T'' besteht darin, daß die zwei Teilrechtecke

$$0 \leq x < 1, \quad 0 \leq y < \tfrac{1}{2}; \quad 1 \leq x < 2, \quad 0 \leq y < \tfrac{1}{2}$$

des letzteren wieder übereinandergepackt werden, so daß wieder Ω herauskommt. $T = T''T'$ ist eineindeutig und läßt $dm = dx\,dy$ invariant. Man kann diese Transformation, deren wiederholte Ausführung an die Herstellung von Blätterteig erinnert, vermittelst dyadischer Brüche auch in der Form

$$x = 0, a_1, a_2, a_3, \ldots; \quad x_1 = 0, a_2, a_3, a_4, \ldots$$
$$y = 0, b_1, b_2, b_3, \ldots; \quad y_1 = 0, a_1, b_1, b_2, \ldots$$

darstellen.

Wir zeigen nun, daß T vom Mischungstypus im engeren Sinne ist, d. h. daß für irgend zwei meßbare Teile A, B von

$$\lim_{n=\infty} m(A_n B) = m(A)\,m(B) \tag{12.3}$$

gilt[1]. Wir bezeichnen mit $R(i, k)$ irgendeins der dyadischen Rechtecke

$$\frac{v-1}{2^i} \leq x < \frac{v}{2^i}, \quad 1 \leq v \leq 2^i; \quad \frac{\mu-1}{2^k} \leq y < \frac{\mu}{2^k}, \quad 1 \leq \mu \leq 2^k,$$

und setzen $Q(i) = R(i, i)$. Dann ist $Q(0) = \Omega$. Es genügt dann, (12.3) für dyadische Quadrate zu beweisen. Wir zeigen, daß sogar

gilt.$$\qquad m\{Q(i)_n Q(k)\} = m\{Q(i)\}\,m\{Q(k)\}, \quad n \geq i + k, \tag{12.4}$$

---

[1] Hieraus folgt metrische Transitivität. Dieselbe wurde zuerst direkt von W. SEIDEL [1] bewiesen. Zur Mischung vgl. E. HOPF [6].

T bildet nun jedes $R(i, k)$, $i \geq 1$, auf ein $R(i-1, k+1)$ ab. Durch T^{-1} geht ferner jedes $R(i, k)$, $k \geq 1$, in ein $R(i+1, k-1)$ über. Jedes $R(0, k)$ wird indessen durch T in zwei $R(0, k+1)$ übergeführt. Nacheinander ergibt sich so, daß T^p jedes $R(0, k)$ in genau 2^p Rechtecke $R(0, k+p)$ überführt. Aus diesen Bemerkungen folgt aber (12.4). Wegen der m-Treue ist nämlich

$$m\{Q(i)_n Q(k)\} = m\{Q(i)_{-i} Q(k)_{k+p}\}, \quad p = n - i - k \geq 0.$$

Dabei ist

$$Q(i)_{-i} = R(2i, 0), \quad Q(k)_{k+p} = \{Q(k)_k\}_p = R(0, 2k)_p,$$

und die letzte Menge ist Summe von genau 2^p Rechtecken $R(0, 2k+p)$. Der Durchschnitt

$$Q(i)_{-i} Q(k)_{k+p}$$

ist daher Summe von 2^p verschiedenen $R(2i, 2k+p)$. Sein Maß ist also

$$2^p \cdot 2^{-2i-2k-p} = m\{Q(i)\} \, m\{Q(k)\}.$$

Aus dieser Mischungstransformation läßt sich auf Grund der anfänglich erläuterten Vorschrift eine Mischungsströmung im Einheitskubus ableiten. Sie ist, nebenbei bemerkt, einer stetigen Strömung isomorph.

Mischung durch differentielle Zeittransformation. Führt man in einer mechanischen Strömung $P \to P_t$ vermittels

$$\tau = \int_0^t f(P_t)\, dt, \quad f > 0,$$

längs der Stromlinien eine neue Zeit τ ein, so erhält man bekanntlich wieder eine Strömung $S_\tau(P)$, in welcher die Stromlinien die gleichen sind, aber anders durchlaufen werden. Das invariante Maß ist diesmal $d\mu = f(P)\, dm$. Ist $T_t(P)$ metrisch transitiv, so ist es auch die neue Strömung. Kann man nun $f(P)$ so wählen, daß die letztere sogar vom Mischungstypus wird? Der einfache harmonische Oszillator (10.7) scheint den einzigen Fall darzustellen, wo dies nicht möglich ist. In den anderen Fällen ist es wahrscheinlich, daß die meisten f chaotische Geschwindigkeitsdifferenzen längs benachbarter Stromlinien und damit vollständige Mischung herbeiführen[1].

Als Ausgangspunkt dient die schon betrachtete (metrisch transitive) Strömung

$$\xi_t = \xi + t, \quad \eta_t = \eta + \alpha t$$

mit irrationalem α auf dem Torus $\xi \,(\mathrm{mod}\,1)$, $\eta \,(\mathrm{mod}\,1)$. Das gesuchte stetige oder stückweise stetige f ist von der Form

$$f = f(\eta - \alpha \xi + \alpha [\xi]),$$

---

[1] Poincaré [1], p. 320 ff.

wobei $f(s)$ in s periodisch mit der Periode Eins ist. Das Problem kann dann auf die eingangs erwähnte Gestalt gebracht werden. Die Transformation

$$x = \eta - \alpha\,\xi, \qquad y = \xi$$

bildet nämlich den (ξ, η)-Torus auf sich selbst ab. Er erscheint dann als (x, y)-Ebene mit den Identifizierungen

$$(x + 1, y) \equiv (x, y); \qquad (x, y + 1) \equiv (x + \alpha, y).$$

Der Übergang ist eineindeutig und maßtreu. Die gegebene Strömung lautet $(x, y)_t = (x, y + t)$. Wir können uns zur Untersuchung derselben auf das Fundamentalgebiet

$$P = x\,(\mathrm{mod}\,1), \qquad 0 \leqq y < 1,$$

beschränken. Wird der obere Rand in $(P, 1)$ erreicht, so geht es bei $(P_1, 0)$, $P_1 = x + \alpha\,(\mathrm{mod}\,1)$ weiter. Innerhalb dieses Gebietes ist nun die einzuführende Funktion f von der Form

$$f = f(x) = f(P),$$

und die neue Zeit τ bestimmt sich aus $\tau = f(P)t$. Durch die Punkttransformation $u = f(P)y$ geht jenes Gebiet über in

$$P = x\,(\mathrm{mod}\,1), \qquad 0 \leqq u < f(P), \tag{12.5}$$

und die neue Strömung lautet

$$\Pi = (P, u), \qquad \Pi_\tau = (P, u + \tau). \tag{12.6}$$

Bei Erreichung des nunmehrigen oberen Randes $u = f(P)$ ist die Vorschrift $(P, f(P)) = (P_1, 0)$ zu beachten. Das invariante Maß ist jetzt durch $d\mu = dm\,du$ gegeben. Die Strömung ist also von der behaupteten Form[1]. Ω ist die Kreislinie und $P_1 = T(P)$ ist die Drehung um den inkommensurablen Winkel $2\pi\,\alpha$.

Die Strömung ist metrisch transitiv. Um Mischung, jedenfalls im weiteren Sinne zu erreichen, bedienen wir uns des ersten Mischungssatzes. Es sei demgemäß $\Phi(\Pi)$ eine in (12.5) zu L^2 gehörige Eigenfunktion der Strömung. Nach Hilfssatz 9.1 darf

$$\Phi(\Pi_\tau) = e^{i\lambda\tau}\,\Phi(\Pi)$$

für alle Π, τ angenommen werden. Da dies

$$\Phi(P, u + \tau)\,e^{-i\lambda(u+\tau)} = \Phi(P, u)\,e^{-i\lambda u}$$

geschrieben werden kann, folgt, daß in (12.5) überall

$$\Phi(P, u) = \varphi(P)\,e^{i\lambda u} \tag{12.7}$$

ist, mit zu L^2 gehörigem $\varphi(P)$. Dies gilt auch auf dem oberen Rande. Setzt man in (12.7) $u = f(P)$, so ergibt sich mit Rücksicht auf die

---

[1] Über Mischung durch passende Wahl von f siehe die allgemeinen Beispiele bei v. NEUMANN [4]. Das hier angeführte Beispiel ist ein spezieller Fall derselben.

Identifizierungsvorschrift

$$\varphi(P_1) = \varphi(x + \alpha) = e^{i\lambda f(P)}\varphi(P) = e^{i\lambda f(x)}\varphi(x). \qquad (12.8)$$

Setzt man $\lambda = 0$, so folgt wieder metrische Transitivität. Ist nun $f(x)$ stückweise stetig differenzierbar, und ist die Summe der auf dem x-Kreise betrachteten Sprünge von f nicht Null, so gibt es zu keinem $\lambda \neq 0$ eine Eigenfunktion. Wir zeigen dies im Falle

$$f(x) = x - [x] + 1. \qquad (12.9)$$

Nach Satz 9.3 kann $|\varphi| \equiv 1$ angenommen werden. Durch wiederholte Anwendung von (12.8) folgt dann

$$\int_0^1 |\varphi(x + na) - \varphi(x)|^2\,dx = \int_0^1 \sin^2\frac{\lambda}{2}\sum_0^{n-1} f(x + v\alpha)\,dx. \qquad (12.10)$$

Man beachte nun, daß

$$\lim_{h=0}\int_0^1 |\varphi(x + h) - \varphi(x)|^2\,dx = 0$$

gilt. Dies ist klar, wenn φ Summe der charakteristischen Funktionen endlich vieler Intervalle ist. Nach dem Approximationssatze gilt es also allgemein. Man beachte weiter, daß die Zahlen $n\alpha \pmod 1$ überall dicht, also auch beliebig nahe bei Null liegen. Die rechte Seite in (12.10) wäre daher beliebig kleiner Werte fähig. Die Nichtexistenz von Eigenfunktionen ist also bewiesen, wenn für jedes $\lambda \neq 0$ ihr unterer Limes positiv ausfällt. Wegen (12.9) ist nun der betrachtete Ausdruck gleich

$$\int_0^1 \sin^2\frac{\lambda}{2}(nx + \varrho(x))\,dx = \frac{1}{n}\int_0^n \sin^2\frac{\lambda}{2}\left(x + \varrho\left(\frac{x}{n}\right)\right)dx,$$

wo $\varrho(x)$ in jedem der n, von den Zahlen $-v\alpha$ auf dem Kreise gebildeten Intervalle konstant ist. Er ist also von der Form

$$\frac{1}{n}\sum_1^n \int_0^{l_v} \sin^2\frac{\lambda}{2}(x + c_v)\,dx \geqq \frac{1}{n}\sum_1^n l_v\,\chi(l_v);\quad \chi(l) = \frac{1}{2} - \frac{1}{\lambda l}\left|\sin\frac{\lambda l}{2}\right|,$$

wo $\chi(l)$ in jedem positiven l-Intervall über einer positiven Schranke liegt. Nennen wir diejenigen l, die größer als $\frac{1}{2}$ sind, l', so ist wegen $\sum l = n$ gewiß $\sum l' > n/2$, also

$$\frac{1}{n}\sum l\,\chi(l) \geqq \frac{1}{n}\sum l'\,\chi(l') > \frac{1}{n}K\sum l' > \frac{1}{2}K,$$

w. z. b. w.

Das obige f ist als Funktion von ξ und η unstetig. Man kann aber auch durch stetige f Mischung herbeiführen. Ferner läßt sich bei geeignetem f beweisen, daß die Mischung im weiteren Sinne stattfindet[1].

---

[1] Nach unveröffentlichten Beispielen von v. NEUMANN.

IV. Kapitel.

Individuelle Ergodentheorie.

§ 13. Grundzerlegung von Ω.

Wir gehen von einer eineindeutigen und m-treuen Abbildung $P \to P_1$ $= T(P)$ von Ω auf sich aus. Es darf $m(\Omega) = \infty$ sein. Die m-Treue ist im folgenden Satze unwesentlich und könnte durch m-Meßbarkeit ersetzt werden.

Definition 13.1. *Eine meßbare und invariante Teilmenge A von Ω heißt wandernde Menge, wenn sie mit keinem ihrer Bilder A_n, $n = \pm 1$, $\pm 2, \ldots$, einen Punkt gemein hat.*

Diese Bilder sind dann paarweise punktfremd.

Satz 13.1. *Ω läßt sich bis auf Nullmengen eindeutig in der Form $\Omega' + \Omega''$ schreiben, wo Ω'' durch eine wandernde Menge W erzeugt wird,*

$$\Omega'' = \sum_{-\infty}^{\infty} W_{\nu}, \ \text{und wo } \Omega' \text{ sich in allen Teilen gegenüber } T \text{ inkompressibel}$$

verhält derart, daß $B_1 \subset B \subset \Omega'$ nur dann stattfindet, wenn $B - B_1$ eine Nullmenge ist. Für jede Potenz T^q ist die Zerlegung bis auf Nullmengen dieselbe.

Beweis. Eine durch eine wandernde Menge A erzeugbare Menge sei im folgenden dissipative Menge genannt. Sie ist natürlich invariant. Genauer ist sie die kleinste, A enthaltende invariante Menge,

$$\{A\} = \sum_{-\infty}^{\infty} A_{\nu}.$$

Die Summe zweier dissipativer Mengen ist wieder dissipativ. Sind nämlich A und A' zwei wandernde Mengen, so ist auch

$$W = A + A' - \{A\}A'$$

eine wandernde Menge, und es gilt

$$\{W\} = \{A\} + \{A'\}.$$

Wir führen nun ein absolut additives Hilfsmaß

$$\mu(B) = \int_B f(P)\, dm$$

mit positivem und summierbarem f ein. Es braucht nicht invariant zu sein. Jedenfalls ist $\mu(\Omega) < \infty$, und die Gleichungen $m(A) = 0$ und $\mu(A) = 0$ sind stets gleichzeitig erfüllt. γ sei die obere Grenze der μ-Masse aller dissipativen Mengen. Dann gibt es eine Folge dissipativer Mengen M_n mit $\mu(M_n) \to \gamma$. Die Mengen

$$\Omega_n = M_1 + \cdots + M_n$$

sind ebenfalls dissipativ, und es gilt

$$\mu(\Omega'') = \gamma, \quad \Omega'' = M_1 + M_2 + \cdots.$$

Daß Ω'' dissipativ ist, erkennt man ähnlich wie bei endlichen Summen. $\Omega' = \Omega - \Omega''$ kann keine dissipative Menge positiven m-Maßes enthalten; denn sie hätte auch positives μ-Maß, und ihre Addition zu Ω'' würde eine dissipative Menge mit größerem μ-Maß als γ liefern. Daraus folgt, daß Ω' die behauptete Eigenschaft hat.

Es sei nun

$$\Omega'' = \{A\} = \sum_{-\infty}^{\infty} A_\nu$$

mit bezüglich T wanderndem A. Ω'' ist auch für die Potenz T^q dissipativ; denn $\bar{A} = A + A_1 + \cdots + A_{q-1}$ ist hinsichtlich T^q wandernd, und es gilt

$$\Omega'' = \sum_{-\infty}^{\infty} \bar{A}_{\nu q}.$$

Behauptet wird, daß es außerhalb Ω'' auch für T^q keinen wandernden Teil B geben kann. Für ein solches B lägen sämtliche Bilder B_n außerhalb Ω'', und die $B_{\nu q}$ wären paarweise punktfremd. Der Durchschnitt von $q + 1$ der Bilder B_n muß daher leer sein; denn unter $q + 1$ ganzen Zahlen gibt es stets zwei (mod q) kongruente. Es sei nun $k \leq q$ die Maximalanzahl von Bildern, deren Durchschnitt keine Nullmenge ist, und es sei M der Durchschnitt von k derartigen Bildern. Jedes Bild M_n von M ist wieder eine Menge dieser Art. Daher kann M mit jedem M_n, $n \neq 0$, nur eine Nullmenge gemein haben. Zieht man alle diese Nullmengen von M ab, so erhält man eine bezüglich T wandernde Menge positiven Maßes außerhalb Ω'', im Widerspruch zur Definition von Ω''.

Im folgenden wird die Invarianz des Maßes m benutzt. Ist $m(\Omega)$ endlich, so ist kein dissipativer Teil vorhanden, denn sonst wäre

$$m(\Omega'') = \sum m(W_\nu) = \sum m(W) = \infty.$$

Die Umkehrung dieser Behauptung ist jedoch falsch, denn es gibt z. B. metrisch transitive Abbildungen bei unendlichem $m(\Omega)$.

Die Grundzerlegung läßt sich mehr topologisch interpretieren, wenn vorausgesetzt wird, daß Ω ein offener metrischer Raum ist, und daß Ω für jedes $\delta > 0$ Summe höchstens abzählbar vieler δ-Umgebungen endlichen m-Maßes ist.

Definition 13.2. *P heißt Wiederkehrpunkt der Abbildung, wenn P Häufungspunkt seiner Bilder P_n ist.*

Definition 13.3. *P heißt Fliehpunkt, wenn die Bilder P_n keinen Häufungspunkt in Ω besitzen.*

Dann gilt

Satz 13.2. *Fast alle Punkte von Ω' sind Wiederkehrpunkte. Fast alle Punkte von Ω'' sind Fliehpunkte*[1].

Beweis. Bezüglich der ersten Behauptung braucht nur gezeigt zu werden, daß für jedes $\delta > 0$ diejenigen Punkte P von Ω', deren Nachfolger sämtlich außerhalb der 2δ-Umgebung von P liegen, eine Nullmenge bilden. Es genügt sogar, diejenigen dieser Punkte zu betrachten, welche in der δ-Umgebung eines beliebigen festen Punktes enthalten sind. Die von ihnen gebildete Menge M ist nun wandernd. Wäre nämlich Q ein gemeinsamer Punkt von M und M_n, $n > 0$, so hätten die beiden Punkte $P = Q_{-n}$ und $P_n = Q$ eine Entfernung $< 2\delta$, da sie beide in jener festen δ-Umgebung lägen, im Widerspruch zur Definition von P. Als wandernder Teil von Ω' ist also M eine Nullmenge[2].

Zum zweiten Teil bemerke man, daß Ω sich durch eine Folge offener Mengen A endlichen Maßes ausschöpfen läßt. Daher genügt es, für ein festes A zu zeigen: Die Menge aller $P \subset \Omega''$ derart, daß unendlich viele Bilder P_n in A hineinfallen, hat das Maß Null. Wegen $\Omega'' = \{W\}$ braucht dies nur von ihrem Durchschnitt D mit W gezeigt zu werden. Man sieht nun leicht, daß

$$D \subset W \sum_{k+1}^{\infty} A_{-\nu}$$

für jedes k gilt. Das Maß der rechten Menge ist nicht größer als

$$\sum_{k+1}^{\infty} m(WA_{-\nu}) = \sum_{k+1}^{\infty} m(W_\nu A).$$

Da die W_ν paarweise fremd sind, und da $m(A)$ endlich ist, steht hier rechts das Restglied einer konvergenten Reihe. Folglich ist $m(D) = 0$.

Zur Vorbereitung auf den individuellen Ergodensatz benötigen wir den

Hilfssatz 13.3. *Ist $g(P)$ in Ω meßbar und positiv, so gilt in fast allen Punkten P von Ω'*

$$\sum_{0}^{\infty} g(P_\nu) = \infty.$$

Beweis. Für jedes Paar natürlicher Zahlen n, k ist zu beweisen, daß die Menge E der P mit

$$g(P) > \frac{1}{n}, \qquad \sum_{0}^{\infty} g(P_\nu) < k$$

das Maß Null hat. Ist $\varphi(P_i)$ die charakteristische Funktion von E, so gilt überall $ng > \varphi$ und in E

$$1 \leqq \sum_{0}^{\infty} \varphi(P_\nu) < nk.$$

---

[1] POINCARÉ [1], CARATHÉODORY [2]. Zum zweiten Teil E. HOPF [1].

[2] Der Beweis zeigt, daß fast alle Punkte von Ω' gleichzeitig Wiederkehrpunkte für $n \to -\infty$ und $n \to +\infty$ sind.

Die Punkte von E gehören also weniger als nk der Mengen $E_{-\nu}$, $\nu = 0, 1, \ldots$, an. Es sei z die Höchstzahl von Mengen dieser Folge, deren Durchschnitt keine Nullmenge ist, falls dies überhaupt vorkommt. Man greife z solcher Mengen heraus und nenne den Durchschnitt M. Es genügt dann, $m(M) = 0$ zu beweisen, im Widerspruch zur Annahme. Jedes Bild M_{-i} von M ist ebenfalls Durchschnitt von z Mengen $E_{-\nu}$, kann also keinen Punkt mit M gemein haben. Als wandernde Teilmenge von Ω' muß daher M eine Nullmenge sein.

Diese Tatsachen lassen sich sämtlich auf stetige und m-treue Strömungen übertragen. Wir brauchen im folgenden eine analoge Grundzerlegung von Ω. Aus Satz 13.1 ergibt sich nämlich eine Zerlegung in zwei invariante Teile Ω', Ω'', wo Ω'' bezüglich jedes T_r, r rational, dissipativ ist, und wo Ω' sich in allen seinen Teilen gegenüber jedem T_r inkompressibel verhält.

Ist $G(P) > 0$ und meßbar in Ω, so gilt

$$\int\limits_0^\infty G(P_t)\, dt = \infty$$

in fast allen $P \subset \Omega'$. Dies folgt durch Anwendung des Hilfssatzes auf die Funktion

$$g(P) = \int\limits_0^1 G(P_t)\, dt$$

und auf $T = T_1$.

§ 14. Individueller Ergodensatz. Spektralanalyse.

Die statistischen Ergodensätze lassen sich weitgehend verschärfen. Es besteht nämlich Konvergenz fast überall. Ferner kann man sich von der Beschränkung auf endliches $m(\Omega)$ befreien, wenn man allgemeinere Mittelbildungen zugrunde legt. Es wird nur verlangt, daß Ω keine wandernde Menge positiven Maßes enthält. Wie vorher sei m-Treue der Abbildung und Strömung, sowie Meßbarkeit (also m-Stetigkeit) der letzteren vorausgesetzt.

Individueller Ergodensatz für Abbildungen. *Es sei $\Omega = \Omega'$, d. h. der dissipative Teil Ω'' der Grundzerlegung von Ω sei eine Nullmenge. Für jedes in Ω positive und summierbare $g(P)$ und jedes in Ω summierbare $f(P)$ existiert*[1]

$$\lim_{n=\infty} \frac{\sum\limits_0^{n-1} f(P_\nu)}{\sum\limits_0^{n-1} g(P_\nu)} = \mu(P; f, g)$$

---

[1] Die Beweisidee stammt von BIRKHOFF [1], wo jedoch ein viel engerer Satz ausgesprochen ist. Vgl. auch E. HOPF [2], KHINTCHINE [1], wo der Fall $m(\Omega) < \infty$, $g = 1$ betrachtet wird. Der Fall $m(\Omega) = \infty$ ist, jedoch unter Beschränkung auf metrische Transitivität, in STEPANOFF [1] behandelt.

in fast allen $P \subset \Omega$. Es gilt $(f, 1) = (g, \mu)$ mit absoluter Konvergenz des zweiten Integrales. $\mu(P)$ ist invariant.

Beweis. Man setze

$$M_n(P; f, g) = \frac{\sum_0^{n-1} f(P_\nu)}{\sum_0^{n-1} g(P_\nu)} \tag{14.1}$$

und

$$\overline{\lim_{n=\infty}} M_n(P; f, g) = \mu(P; f, g). \tag{14.2}$$

Der Hauptpunkt des Beweises besteht im Nachweis der Ungleichung

$$(f, 1) \geqq (g, \mu) \tag{14.3}$$

mit absoluter Konvergenz des rechten Integrales. Wendet man sie auf die Funktion $-f$ an, so erhält man

$$-(f, 1) \geqq -(\underline{\lim} M_n, g)$$

und nach Addition zu (14.3)

$$0 \geqq (\overline{\lim} M_n - \underline{\lim} M_n, g),$$

woraus wegen $g > 0$ der Satz unmittelbar folgt, zusammen mit dem Gleichheitszeichen in (14.3).

Der Beweis wird geführt, indem zunächst für eine beliebig meßbare, in ganz Ω der Bedingung

$$\lambda(P) < \mu(P)\,^1 \tag{14.4}$$

genügende invariante Funktion λ die Ungleichung

$$(f, 1) \geqq (g, \lambda)$$

bewiesen wird, vorausgesetzt, daß das rechte Integral sinnvoll ist.

Wie bisher bedeute bei Punkten und Mengen der untere Index den Bildindex. Aus der Identität (angewandt auf den Fall $r = 1$)

$$M_s(P) \sum_0^{s-1} g(P_\nu) = M_r(P) \sum_0^{r-1} g(P_\nu) + M_{s-r}(P_r) \sum_r^{s-1} g(P_\nu); \quad s > r \geqq 1, \tag{14.5}$$

und aus dem Hilfssatz 13.3 folgt die Invarianz von μ, $\mu(P_1) = \mu(P)$ für fast alle P. Durch Abziehen einer geeigneten Nullmenge von Ω kann strikte Invarianz erreicht werden. Wir führen nun die paarweise fremden Mengen

$$\Omega^s: \quad M_s(P) > \lambda(P), \quad M_r(P) \leqq \lambda(P), \quad 1 \leqq r < s \tag{14.6}$$

ein, wobei Ω^1 nur durch die erste Ungleichung definiert ist. Wegen (14.2) und (14.4) liegt jedes $P \subset \Omega$ in einer dieser Mengen,

$$\Omega = \sum_1^\infty \Omega^\nu. \tag{14.7}$$

---

[1] Im Falle $\mu = -\infty$ ist auch $\lambda = -\infty$ zu setzen.

Liegt P in Ω^s, so folgt aus (14.5), (14.6) wegen $g > 0$

$$M_{s-r}(P_r) > \lambda(P) = \lambda(P_r), \quad r < s.^1$$

P_r muß also in einer der Mengen $\Omega^1, \Omega^2, \ldots, \Omega^{s-r}$ liegen. Also gilt a fortiori

$$\Omega_r^s \subset \sum_1^{s-1} \Omega^\nu, \qquad 1 \leq r < s. \tag{14.8}$$

n sei eine beliebige feste ganze Zahl >1. Wir definieren dann rekursiv, von n rückwärts gehend, die Mengen

$$A^n = \Omega^n, \qquad A^k = \Omega^k - \Omega^k \sum_{s=k+1}^n \sum_{r=1}^{s-1} A_r^s, \qquad 1 \leq k < n. \tag{14.9}$$

Bringt man die Subtrahenden nach links, so folgt

$$\sum_1^n \Omega^\nu \subset \sum_{0 \leq r < s \leq n} A_r^s. \tag{14.10}$$

Aus (14.8) und aus $A^k \subset \Omega^k$ folgt

$$A_r^s \subset \sum_1^{s-1} \Omega^\nu, \qquad 1 \leq r < s \leq n. \tag{14.11}$$

Da dies auch für $r = 0$ gilt, wenn bis s summiert wird, muß in (14.10) das Gleichheitszeichen gelten. Es ist nun von entscheidender Bedeutung, daß dabei die rechts stehenden Summanden paarweise fremd sind, d. h. daß

$$A_l^k A_r^s = 0; \quad 0 \leq l < k \leq n, \quad 0 \leq r < s \leq n,$$

außer für $k = s$, $l = r$ gilt. Zum Beweise genügt es, zu zeigen, daß

$$A^k A_r^s = 0; \quad 0 < k \leq n, \quad 1 \leq r < s \leq n$$

ist. Für $s > k$ folgt dies aus (14.9). Für $s \leq k$ beachte man, daß die rechte Seite von (14.11) zu Ω^k, also erst recht zu A^k fremd ist.

Setzt man nun

$$B^s = \sum_{r=0}^{s-1} A_r^s, \qquad C^n = \sum_1^n B^s = \sum_1^n \Omega^\nu,$$

so folgt wegen der Invarianz von $\lambda(P)$ und des Maßes m zunächst formal

$$\int_{B^s} f(P)\, dm = \sum_{r=0}^{s-1} \int_{A_r^s} f(P)\, dm = \int_{A^s} \sum_r f(P_r)\, dm$$

$$= \int_{A^s} M_s(P) \sum_r g(P_r)\, dm > \int_{A^s} \lambda(P) \sum_r g(P_r)\, dm$$

$$= \int_{A^s} \sum_r \lambda(P_r)\, g(P_r)\, dm = \sum_r \int_{A_r^s} \lambda(P)\, g(P)\, dm = \int_{B^s} \lambda\, g\, dm.$$

---

[1] Dies gilt auch im Falle $\lambda = -\infty$.

Durch Addition von $s = 1$ bis $s = n$ folgt

$$\int\limits_{C^n} f \, dm > \int\limits_{C^n} \lambda \, g \, dm$$

und durch Grenzübergang $n \to \infty$

$$(f, 1) \geqq (g, \lambda). \tag{14.12}$$

λ kann nun so gewählt werden, daß $(g, |\lambda|)$ existiert. Wegen (14.1)
und (14.2) ist
$$|\mu(P; f)| \leqq \mu(P; |f|). \tag{14.13}$$

Legt man oben $|f|$ statt f zugrunde, so überzeugt man sich leicht, daß
für das invariante $\lambda(P)$ die kleinere der beiden Größen

$$\frac{1}{\varepsilon}, \quad (1 - \varepsilon)\, \mu(P; |f|)$$

$\varepsilon > 0$, gewählt werden darf. Es gilt nämlich $\lambda < \mu$ bis auf den Fall
$\mu = 0$, wo auch $\lambda = 0$ ist. Dieser Ausnahmefall beeinträchtigt wegen
$M_n \geqq 0$ die Gültigkeit von (14.7) in keiner Weise[1]. Wegen $\lambda \geqq 0$ sind
also alle oben rechts auftretenden Integrale endlich. Für $\varepsilon \to 0$ folgt
also auch die Existenz von (g, μ) mit dem zu $|f|$ gehörigen μ. Aus
(14.13) folgt dann die Existenz von $(g, |\mu|)$ ganz allgemein. Bei all-
gemeinem f beachte man, daß

$$\lambda(P) = \mathrm{Min}\left\{ \frac{1}{\varepsilon}, \, \mu(P) - \varepsilon \right\}$$

stets kleiner als μ ist. Also gilt (14.12), und schließlich (14.3), da wegen
$|\lambda| \leqq |\mu| + \varepsilon$ unter dem Integralzeichen zur Grenze $\varepsilon \to 0$ übergegangen
werden darf. Damit ist der Beweis beendet. Es sei hervorgehoben,
daß zum Beweise von (14.3) im Falle $f \geqq 0$ die Endlichkeit von $(g, 1)$
nicht erforderlich war. Sie wurde erst bei allgemeinem f zum Beweise
von $(g, \mu) \leqq (f, 1)$ herangezogen.

Folgerungen. Ist $m(\Omega)$ endlich, so kann $g = 1$ gewählt werden.
Dann existiert also

$$\lim_{n = \infty} \frac{1}{n} \sum_0^{n-1} f(P_\nu) = f^*(P)$$

fast überall, und $f^*(P)$ gehört zu L^1.

Ist jedoch $m(\Omega) = \infty$, so ist nur der Fall von Interesse, wo Ω
keine invarianten Teilmengen endlichen positiven m-Maßes enthält.
Da für lediglich meßbares $g > 0$ nach Obigem

$$(|f|, 1) \geqq (g, \mu), \quad \mu = \mu(P; |f|) \geqq 0$$

ist, folgt im Falle $g = 1$

$$(1, \mu) < \infty,$$

---

[1] Entfernt man nämlich aus Ω die invariante Menge $E E_{-1} E_{-2} \ldots$, wo E die
Menge ist, in der $f = 0$ stattfindet, so ist in jedem P mindestens ein M_n positiv.

was nur dann möglich ist, wenn fast überall $\mu = 0$ gilt. Ist nämlich die invariante Menge der P mit $\mu(P) \geqq \eta > 0$ nicht leer, so hat sie unendliches Maß. Also gilt fast überall $f^*(P) = 0$.

Ganz allgemein genügt die Grenzfunktion $\mu(P)$ des Satzes der Relation

$$(f, h) = (g, \mu h), \tag{14.14}$$

wo $h(P)$ eine beliebige beschränkte und invariante Funktion ist.

Ersetzt man nämlich f durch fh, so kommt statt μ der Limes μh heraus. (14.14) folgt dann sofort aus $(f, 1) = (g, \mu)$. Bei gegebenen f, g ist μ durch (14.14) eindeutig bestimmt. Wäre nämlich μ' ein zweites μ, so würde aus (14.14)

$$(g\,h, \mu' - \mu) = 0$$

mit beliebigem h der erwähnten Art folgen. Setzt man in der invarianten Menge, wo $\mu' \neq \mu$ ist,

$$h = \frac{\mu' - \mu}{|\mu' - \mu|},$$

sonst $h = 0$, so folgt fast überall $\mu' = \mu$.

Aus (14.14) folgt, daß $Uf = f(P_1)$ dasselbe μ wie f besitzt, denn es ist

$$(Uf, h) = (Uf, Uh) = (f, h).$$

Daher gilt wegen

$$f(P_n) = f(P) + \sum_{0}^{n-1} Uf(P_\nu) - \sum_{0}^{n-1} f(P_\nu)$$

für fast alle P die Hilfsrelation

$$\lim_{n=\infty} \frac{f(P_n)}{\sum\limits_{0}^{n-1} g(P_\nu)} = 0. \tag{14.15}$$

Individueller Ergodensatz bei Strömungen. *Ω sei ohne dissipativen Teil Ω''. Gehören f und g zu L^1 und ist $g > 0$ in Ω, so existiert fast überall*

$$\lim_{|T|=\infty} \frac{\int\limits_0^T f(P_t)\, dt}{\int\limits_0^T g(P_t)\, dt} = \mu(P; f, g),$$

und es gilt (14.14) für jedes beschränkte und invariante h. $(g, |\mu|)$ ist endlich.

Beweis. Die Funktionen

$$\hat{F}(P) = \int\limits_0^1 |f(P_t)|\, dt, \qquad F(P) = \int\limits_0^1 f(P_t)\, dt, \qquad G(P) = \int\limits_0^1 g(P_t)\, dt$$

existieren in fast allen P und gehören zu L^1. Zunächst sei $T > 0$,

$T \to +\infty$. Setzt man $n = [T]$, so folgt

$$\frac{\int\limits_0^T f(P_t)\,dt}{\int\limits_0^T g(P_t)\,dt} = \left\{ \frac{\sum\limits_0^{n-1} F(P_\nu)}{\sum\limits_0^{n-1} G(P_\nu)} + \frac{\int\limits_n^T f(P_t)\,dt}{\sum\limits_0^{n-1} G(P_\nu)} \right\} \bigg/ \left\{ 1 + \frac{\int\limits_n^T g(P_t)\,dt}{\sum\limits_0^{n-1} G(P_\nu)} \right\}.$$

Wendet man hier den Ergodensatz auf die Abbildung $P \to P_1$ an und berücksichtigt man die Ungleichung

$$\left| \int\limits_n^T f(P_t)\,dt \right| \leq \int\limits_n^{n+1} |f(P_t)|\,dt = \int\limits_0^1 |f(P_{n+s})|\,ds = \hat{F}(P_n)$$

für f und eine analoge für g, so ergibt sich durch sinngemäße Anwendung von (14.15) die Existenz obigen Grenzwertes für $T \to +\infty$. Aus dem Satz für Abbildungen folgt ferner die Endlichkeit von $(G, |\mu|)$. Wegen der Strömungsinvarianz von $\mu(P)$ ist

$$(G, |\mu|) = \int\limits_0^1 (U_t g, |\mu|)\,dt = \int\limits_0^1 (g, |\mu|)\,dt = (g, |\mu|).$$

Ähnlich folgt

$$(f, 1) = (F, 1) = (G, \mu) = (g, \mu).$$

Ist nun h invariant, so ist es einem strikt invarianten h' äquivalent. (14.14) ergibt sich dann ähnlich wie oben. Da auch das für $T \to -\infty$ erhaltene μ dieser Gleichung genügt, muß es dem obigen gleich sein.

Satz 14.1. *Ist die Strömung metrisch transitiv, so gilt in fast allen P*

$$\mu(P; f, g) = \frac{(f, 1)}{(g, 1)}.$$

Beweis. Jede invariante Funktion, also auch μ, ist fast überall konstant. Ihr Wert berechnet sich aus (14.14), $h = 1$.

Das Spektrum der individuellen Bewegung. Im Falle

$$m(\Omega) < \infty$$

gilt der

Satz 14.2. *Gehört $f(P)$ in Ω zu L^2, so besitzt $f(P_t)$ für fast jeden Punkt P ein Spektrum im Sinne von Definition 5.1.*

Beweis. Aus dem Ergodensatz folgt direkt nur, daß bei beliebigem festem s

$$\lim_{|T|=\infty} \frac{1}{T} \int\limits_0^T f(P_{s+t})\,\overline{f(P_t)}\,dt = \varphi(P, s)$$

in fast allen P existiert. Man berücksichtige, daß

$$F(P, s) = f(P_s)\,\overline{f(P)}$$

bei festem s in Ω zu L^1 gehört. Betrachtet man jedoch die Strömung

$$(P, s)_t = (P_t, s)$$

im Produktraum $\Omega \times (s)$ mit dem endlichen invarianten Maß

$$\int\int p(s)\,ds\,dm, \qquad p > 0, \qquad \int\limits_{-\infty}^{\infty} p\,ds = 1,$$

so folgt die Existenz von

$$\varphi(P, s) = \lim_{|T|=\infty} \frac{1}{T}\int\limits_{0}^{T} F(P_t, s)\,dt = F^*(P, s) \qquad (14.16)$$

in fast allen (P, s). $\varphi(P, s)$ gehört im Produktraume zu L^1. Man kann also in Ω eine Nullmenge N angeben derart, daß (14.16) in jedem P von $\Omega - N$ für fast alle s existiert. Durch eventuelle Abänderung von N läßt sich erreichen, daß der Wert $s = 0$ dabei eingeschlossen ist. Wendet man nun auf die Funktion

$$F(P, 0) - F(P, s)$$

und ihr Zeitmittel

$$\varphi(P, 0) - \varphi(P, s)$$

die Relation $(g^*, 1) = (g, 1)$ an, so folgt

$$\chi(s) = \int\limits_{\Omega} \{\varphi(P, 0) - \varphi(P, s)\}\,dm = (f, f) - (U_s f, f) \to 0, \quad s \to 0.$$

Daher ist auch

$$\frac{1}{2\varepsilon}\int\limits_{-\varepsilon}^{\varepsilon}\chi(s)\,ds = \int\limits_{\Omega}\left\{\varphi(P, 0) - \frac{1}{2\varepsilon}\int\limits_{-\varepsilon}^{\varepsilon}\varphi(P, s)\,ds\right\}dm \to 0, \quad \varepsilon \to 0.$$

Da im zweiten Integral nach (5.1) der Integrand nichtnegativ ist, folgt gewiß in fast allen P

$$\lim_{\varepsilon=0}\left[\varphi(P, 0) - \frac{1}{2\varepsilon}\int\limits_{-\varepsilon}^{\varepsilon}\varphi(P, s)\,ds\right] = 0,$$

womit der Beweis beendet ist.

Im ergodischen Falle ist

$$\varphi(P, s) = (U_s f, f) = \int\limits_{-\infty}^{\infty} e^{i\lambda s}\,d(E_\lambda f, f).$$

Es gilt also

Satz 14.3. *Im ergodischen Falle besitzt $f(P_t)$ für fast alle P dasselbe Spektrum*[1]. *Die Spektralenergie bestimmt sich aus*

$$S(\lambda) = (E_\lambda f, f).$$

Fourierkoeffizienten der individuellen Bahn. Für endliches $m(\Omega)$ kann man den Ergodensatz für Strömungen dahin verschärfen,

---

[1] Nach mündlichen Gesprächen zwischen N. WIENER und dem Verfasser im Jahre 1933. Vgl. auch KRYLOFF und BOGOLIOUBOFF [2].

daß auch

$$\lim_{|T|=\infty} \frac{1}{T} \int_0^T e^{-i\lambda t} f(P_t)\, dt \qquad (14.17)$$

bei beliebig gegebenem λ für fast alle P existiert[1].

Zum Beweise betrachte man neben der Strömung $P \to P_t$ in Ω noch die Strömung $x \to x_t = x + t$ auf der Kreislinie $x\left(\mathrm{mod}\,\dfrac{2\pi}{\lambda}\right)$. Man wende dann den Ergodensatz auf die Produktströmung im Produktraume — das invariante Maß ist $d\mu = dm\,dx$ —

$$\Pi = (P, x) \to \Pi_t = (P_t, x + t)$$

und die in diesem Raume eindeutige Funktion

$$F(\Pi) = e^{-i\lambda x} f(P)$$

an. Das in der Grenzwertformel auftretende x kann nachträglich weggelassen werden.

§ 15. Anwendung auf die Gesetze der großen Zahlen.

Mit P seien die Punkte eines metrischen Raumes Ω bezeichnet. m sei ein absolut additives Maß in Ω mit $m(\Omega) = 1$. Für jede meßbare Menge sei das Maß gleich der unteren Grenze der Maße aller sie enthaltenden offenen Mengen. Wir betrachten die beiderseitig unendlichen Folgen

$$\sigma = (\ldots, P_{-2}, P_{-1}, P_0, P_1, \ldots)$$

von Punkten von Ω. Sie bilden die Punkte des unendlichen Produktraumes Ω^∞. In ihm läßt sich ein absolut additives Maß μ, $\mu(\Omega^\infty) = 1$, folgendermaßen einführen. Für die einfachsten Teilmengen von Ω^∞, die Produktmengen

$$P_i \subset A_i, \quad i = 0, \pm 1, \ldots; \quad A_i = \Omega, \quad |i| > i_0. \qquad (15.1)$$

definiere man das Maß μ durch

$$\mu = \prod_{-\infty}^{\infty} m(A_i). \qquad (15.2)$$

Da alle genügend weit links oder rechts gelegenen Faktoren gleich Eins sind, ist dies sinnvoll. Diejenigen Teilmengen von Ω^∞, die sich als endliche Summe solcher Produktmengen darstellen lassen, bilden einen Körper $\mathfrak{K}$. Definiert man für sie das μ-Maß durch die Summe der entsprechenden Ausdrücke (15.2), so kann man zeigen, daß μ für alle derartigen Darstellungen denselben Wert besitzt[2].

---

[1] E. Hopf [6], Khintchine [4].

[2] Vgl. etwa Kolmogoroff [1], auch E. Hopf [6]. Dort findet sich auch ein Hinweis auf die ersten Arbeiten von Daniell.

Mit Hilfe des Erweiterungssatzes läßt sich zeigen, daß μ einer in $B\,\Re$ absolut additiven Erweiterung fähig ist[1]. μ-Integration hat also einen völlig bestimmten Sinn. Aus dem allgemeinen Approximationssatz von § 2 folgt: Zu jedem über Ω^∞ μ-summierbaren $F(\sigma)$ und zu jedem $\varepsilon > 0$ läßt sich eine summierbare, nur von endlich vielen Komponenten der Folge σ abhängige Funktion

$$\Phi(\sigma) = \Phi(P_{-k}, \ldots, P_0, \ldots, P_k)$$

angeben derart, daß

$$\int\limits_{\Omega^\infty} |\Phi(\sigma) - F(\sigma)| \, d\mu < \varepsilon$$

ausfällt.

Die Verschiebung aller Komponenten einer Folge σ um eine Stelle nach links stellt nun eine eineindeutige Abbildung T des Folgenraumes Ω^∞ auf sich dar. In Formeln:

$$T(\sigma) = \sigma' = (\ldots, P'_{-1}, P'_0, P'_1, \ldots), \quad P'_i = P_{i+1}.$$

Besteht z. B. Ω nur aus zwei Elementen $0, 1$, so stellt σ einen beiderseitig unendlichen dyadischen Bruch dar, und T ist mit der Blätterteigtransformation von § 12 isomorph.

T ist nun μ-treu. Bei Produktmengen ist dies klar. Es gilt daher von allen Mengen von $\Re$ und schließlich von $B\,\Re$. Eine bemerkenswerte Tatsache ist, daß T zum Mischungstypus im engeren Sinne gehört, d. h. daß für irgend zwei, in Ω zu L^2 gehörige Funktionen $F(\sigma)$, $G(\sigma)$

$$\lim_{n=\infty} \int\limits_{\Omega^\infty} F(T^n(\sigma)) \, G(\sigma) \, d\mu = \int\limits_{\Omega^\infty} F(\sigma) \, d\mu \int\limits_{\Omega^\infty} G(\sigma) \, d\mu$$

gilt. Wegen des Approximationssatzes braucht dies nur in dem Falle gezeigt zu werden, wo F, G beide nur von endlich vielen Koordinaten abhängen. Dann ist es aber trivial, da schon von einem gewissen n an Gleichheit besteht.

Wegen der Mischungseigenschaft ist T metrisch transitiv. Aus dem individuellen Ergodensatz folgt also, wenn $F(\sigma)$ über Ω^∞ summierbar ist,

$$\lim_{n=\infty} \frac{1}{n} \sum_0^{n-1} F(T^\nu(\sigma)) = \int\limits_{\Omega^\infty} F(\sigma) \, d\mu$$

für fast alle Folgen σ im Sinne des Maßes μ. Hängt insbesondere $F = f(P_1)$ nur von einer Koordinate ab, so folgt

$$\lim_{n=\infty} \frac{1}{n} \sum_1^n f(P_\nu) = \int\limits_{\Omega} f(P) \, dm \ [1] \tag{15.3}$$

längs fast aller Folgen.

In (15.3) tritt nur der rechte Teil der Folge auf, $P_1, P_2, \ldots$. Definiert man in analoger Weise mit Hilfe von m das μ-Maß im Raume

---

[1] E. Hopf [6]. Verschärfungen bei Doob [1].

der Folgen $P_1, P_2, \ldots$, so gilt (15.3) für fast alle dieser Folgen im Sinne des neuen Maßes. Das neue Maß einer Teilmenge des neuen Raumes ist nämlich gleich dem alten Maß, wenn man die zu ihr gehörigen Folgen links durch völlig willkürliche Koordinaten ergänzt.

(15.3) stellt das Gesetz der großen Zahlen der Wahrscheinlichkeitstheorie dar. Die Punkte P stellen gewisse Ereignisse dar, m ihre Wahrscheinlichkeitsverteilung, während f eine vom Ausfall des Versuches abhängige Größe ist. Links in (15.3) steht ihr in n unabhängigen Versuchen beobachtetes Mittel, rechts ihr Erwartungswert. Die Anwendung der beiden Ergodensätze liefert

$$\text{Statist. Ergodensatz} \rightarrow \text{Klassisches Ges. d. gr. Z.}$$
$$\text{Individ. Ergodensatz} \rightarrow \text{Starkes Ges. d. gr. Z.}$$

Diese Ergebnisse lassen sich in mancher Beziehung erweitern und ergänzen. Beschränkt man sich in (15.3) auf die Funktionen $f(P)$ gewisser (immer noch sehr allgemeiner) Funktionenklassen, so kann die Ausnahmenullmenge fest gewählt werden. Dies ist bereits allgemein beim Ergodensatze möglich.

Im Anschluß hieran läßt sich in Verallgemeinerung von (15.3) die Unmöglichkeit eines erfolgreichen Spielsystems, d. h. die wahrscheinlichkeitstheoretische Unmöglichkeit einer Änderung des Grenzwertes (15.3) durch systematische Stellenauswahl beweisen. Ein solches Auswahlsystem wird in erschöpfender Allgemeinheit durch eine unendliche Folge von Funktionen von σ,

$$N_1(\sigma) < N_2(\sigma) < N_3(\sigma) < \ldots$$

mit positiven ganzzahligen Werten beschrieben derart, daß in ganz Ω^∞ entweder immer $N_1 = 1$ oder immer $N_1 > 1$ gilt, und daß

$$N_i(\sigma) = N_i(P_1, P_2, \ldots)$$

von den Komponenten P_ν, $\nu \geqq N_i$ nicht abhängt. Bei gegebener Folge σ von Versuchsergebnissen $P_1, P_2, \ldots$ bedeuten diese Funktionen die durch das Auswahlsystem ausgewählten Indizes oder Versuchsnummern. Die erste (unwesentliche) Voraussetzung besagt, daß der erste Versuch entweder immer oder überhaupt nicht berücksichtigt wird, die zweite hingegen, daß die Entscheidung über die Berücksichtigung eines Versuches nur vom Ausfall der vorangehenden Versuche abhängt. Die Funktionen seien μ-meßbar und in ganz Ω^∞, oder wenigstens bis auf eine feste μ-Nullmenge von Folgen σ definiert.

Die Behauptung ist, daß

$$\lim_{n=\infty} \frac{1}{n} \sum_1^n f(P_{N_\nu}) = \int_\Omega f(P)\, dm, \qquad N_\nu = N_\nu(\sigma),$$

für fast alle Folgen σ im Sinne von μ gilt[1].

---

[1] Doob [2].

Die eigentliche Wurzel dieser Tatsache ist die μ-Treue der (nicht umkehrbar-) eindeutigen Abbildung

$$\sigma = (P_1, P_2, \ldots) \to \sigma^* = T^*(\sigma) = (P_1^*, P_2^*, \ldots), \quad P_i^* = P_{N_i(\sigma)},$$

von Ω^∞ auf sich. Sie ist so zu verstehen, daß für irgendeine μ-meßbare Menge M die Menge aller Folgen σ mit der Eigenschaft $\sigma^* \subset M$ das Maß $\mu(M)$ hat[1].

Zum Beweise genügt es, Produktmengen M zu betrachten. Zu zeigen ist also, daß die Menge aller den Bedingungen

$$P_{N_1} \subset A_1, \ldots, \quad P_{N_{n-1}} \subset A_{n-1}, \quad P_{N_n} \subset A_n; \quad N_i = N_i(\sigma) \qquad (15.4)$$

genügenden Folgen σ das Maß $m(A_1)\, m(A_2) \ldots m(A_n)$ besitzt. Man denke sich hierzu die Menge (15.4) in diejenigen Teile aufgespalten, in welchen die Funktion $N_n(\sigma)$ irgendeinen festen Wert

$$N_n(\sigma) = k_n \qquad (15.5)$$

besitzt. Nach der Grundeigenschaft von $N_i(\sigma)$, von den Komponenten P_ν, $\nu \geqq N_i$, nicht abzuhängen, läßt sich die allen Bedingungen (15.4) und (15.5) genügende Menge von Folgen σ auffassen als Durchschnitt der durch die ersten $(n-1)$ Bedingungen (15.4) und durch $N_{n-1}(\sigma) < k_n$ bestimmten σ-Menge mit der σ-Menge: P_{k_n} beliebig in A_n, P_ν ganz beliebig für $\nu > k_n$. Ihr Maß μ ist also das Produkt des Maßes der ersten Menge mit $m(A_n)$. Summiert man über alle vorkommenden Werte von k_n, so ergibt sich das Maß der σ-Menge (15.4) gleich $m(A_n)$ mal dem Maß der σ-Menge

$$P_{N_1} \subset A_1, \ldots, \quad P_{N_{n-1}} \subset A_{n-1}; \quad N_i = N_i(\sigma).$$

Auf diese Weise kommt man schließlich zum Falle $n = 1$, wo die gleiche Schlußweise das Maß $m(A_1)$ liefert.

§ 16. Maßtheorie im Raum der additiven Mengenfunktionen. Das Spektrum der Translationen.

$\mathfrak{R}$ sei ein Raum mit den Punkten $p, p', \ldots$, $\mathfrak{k}$ ein Körper von Teilmengen $A, B, \ldots$ von $\mathfrak{R}$. In der später zu machenden Anwendung wird $\mathfrak{R}$ mit der Zahlengeraden (t) identifiziert, während $A, B, \ldots$ Summen endlich vieler links offener Intervalle sein werden. Gegenstand der folgenden Betrachtung sind die auf allen zu $\mathfrak{k}$ gehörigen Mengen erklärten additiven Mengenfunktionen $\Theta(A)$,

$$\Theta(A + B) = \Theta(A) + \Theta(B), \quad AB = 0.$$

Wir fassen sie als Punkte $P(\Theta)$ eines Raumes Ω auf. Es handelt sich dann um die Einführung eines LEBESGUEschen Maßes m in Ω, $m(\Omega) = 1$. Dies wird durch Einführung eines zunächst nur additiven Maßes m erreicht werden, das auf allen einem gewissen Körper $\mathfrak{K}$ angehörenden Teilmengen $\varkappa, \beta, \ldots$ von Ω definiert ist.

Man betrachte die Werte

$$x_i = \Theta(A_i), \quad i = 1, \ldots, n; \quad A_i A_k = 0, \quad i \neq k, \tag{16.1}$$

die eine Funktion $\Theta(A)$ auf n festen, paarweise fremden Teilmengen von $\mathfrak{R}$ annimmt. α sei dann diejenige Teilmenge von Ω, d. h. diejenige Menge von Funktionen Θ, für welche das Wertesystem

$$\{x_1, x_2, \ldots, x_n\} \subset O_n \tag{16.2}$$

einer vorgeschriebenen meßbaren Menge O_n im R_n angehört. Alle möglichen in dieser Weise gebildeten Teilmengen α von Ω bilden nun einen Mengenkörper $\mathfrak{R}$. Dies wird klar, wenn man beachtet, daß zwei Mengen

$$\alpha: \quad \{\Theta(A_1), \Theta(A_2), \ldots, \Theta(A_n)\} \subset O_n \tag{16.3}$$

und

$$\beta: \quad \{\Theta(B_1), \Theta(B_2), \ldots, \Theta(B_m)\} \subset O_m \tag{16.4}$$

mit Hilfe der gemeinsamen Unterteilung $C_i, i = 1, \ldots, N$ beider Mengenreihen A_ν und B_μ in der gemeinsamen Form

$$\alpha: \quad \{\Theta(C_1), \Theta(C_2), \ldots, \Theta(C_N)\} \subset O_N \tag{16.5}$$

bzw.

$$\beta: \quad \{\Theta(C_1), \Theta(C_2), \ldots, \Theta(C_N)\} \subset O'_N \tag{16.6}$$

geschrieben werden können.

Wir definieren nun $m(\alpha)$ durch einen Ausdruck der Form

$$m(\alpha) = \int \cdots \int_{O_n} w(x_1, A_1) \cdots w(x_n, A_n) \, dx_1 \cdots dx_n, \tag{16.7}$$

wo $w \geqq 0$ und

$$\int_{-\infty}^{+\infty} w(x, A) \, dx = 1 \tag{16.8}$$

ist. Dieser spezielle Ansatz entspricht der Forderung, daß die Werte $\Theta(A), \Theta(B), \ldots$ für paarweise fremde Mengen $A, B, \ldots$ unabhängig verteilt sein sollen.

Es bedarf einer besonderen Untersuchung, unter welchen Bedingungen das Maß m nur von der Menge α, nicht aber von der Darstellungsweise derselben abhängt. Dafür ist nämlich notwendig und hinreichend, daß w der Funktionalgleichung

$$w(x, A + B) = \int_{-\infty}^{+\infty} w(t, A) \, w(x - t, B) \, dt, \quad AB = 0 \tag{16.9}$$

genügt. Zum Beweise beachte man zunächst, daß, wenn in (16.3) und (16.4) $\beta = \alpha$ ist, in (16.5) und (16.6) auch $O'_N = O_N$ ist und umgekehrt. Daher ist zu untersuchen, ob (16.3) und (16.5) dasselbe m liefern. Die A_i sind paarweise fremd, und gleiches gilt von den C_ν. Jedes A_i ist ferner Summe gewisser C_ν. Jedoch braucht nicht jedes C_ν in $\sum A$

enthalten zu sein. Der Übergang von der Darstellung (16.3) zu (16.5) erfolgt, indem in (16.3) entsprechend

$$(A = A_i) \quad A = \sum C_{\nu'}, \quad \Theta(A) = \sum \Theta(C_{\nu'})$$

gesetzt wird und eventuell neue C hinzugefügt werden, für welche $\Theta(C)$ beliebig variieren darf. Dieser Übergang kann nun schrittweise vollzogen werden. Die Schritte sind von zweierlei Typus: Entweder wird in (16.3) ein neues, zu den alten fremdes A_{n+1} hinzugenommen, für das $\Theta(A_{n+1})$ ganz beliebig sein darf, oder es wird $A_1 = A_1' + A_1''$ aufgespalten (aus Symmetriegründen kann man sich auf A_1 beschränken.) Im ersten Falle erhält man wegen (16.7) und (16.8) trivialerweise dasselbe m. Setzt man im zweiten Falle

$$x_i = \Theta(A_i), \quad i = 1, \ldots, n; \quad x_1' = \Theta(A_1'), \quad x_1'' = \Theta(A_1''), \qquad (16.10)$$

so kann x_1' als willkürlich aufgefaßt werden. Die erste Darstellung von α lautet

$$\{x_1, x_2, \ldots, x_n\} \subset O_n.$$

Bei ihr hat $m(\alpha)$ den Wert

$$\overset{(n)}{\int \ldots \int_{O_n}} w(x_1, A_1' + A_1'') \, w(x_2, A_2) \cdots d x_1 \, d x_2 \cdots d x_n. \qquad (16.11)$$

In der zweiten Darstellung hat es den Wert

$$\overset{(n+1)}{\int \ldots \int_{O_{n+1}}} w(x_1' A_1') \, w(x_1'', A_1'') \, w(x_2, A_2) \cdots d x_1' \, d x_1'' \, d x_2 \cdots d x_n. \qquad (16.12)$$

Durch den Übergang von

$$(x_1', x_1'', x_2, \ldots, x_n)$$

zurück zu

$$(x_1', x_1, x_2, \ldots, x_n)$$

vermittels der maßtreuen Transformation $x_1'' = x_1 - x_1'$ geht O_{n+1} über in die Zylindermenge $(x_1') \times O_n$. Ausführung der Transformation in (16.12) und nachfolgende Teilintegration bezüglich x_1' führt wegen

$$\int_{-\infty}^{+\infty} w(x_1', A_1') \, w(x_1 - x_1', A_1'') \, d x_1' = w(x_1, A_1' + A_1'')$$

und wegen (16.8) zum Werte (16.11) zurück. Also kommt gleiches m heraus. Die Notwendigkeit von (16.9) folgt ähnlich.

Unter den Voraussetzungen (16.8) und (16.9) ist durch (16.7) das m-Maß für alle zum Körper $\mathfrak{K}$ gehörigen Teilmengen von Ω eindeutig definiert. Die Bedingung (16.9) läßt sich mit Hilfe von Fourierintegralen diskutieren. Setzt man nämlich

$$W(u, A) = \int_{-\infty}^{+\infty} e^{iux} w(x, A) \, d x,$$

so geht nach einer bekannten Regel (16.9) in

$$W(u, A + B) = W(u, A)\,W(u, B)$$

über. (16.8) lautet

$$W(0, A) = 1.$$

Wir setzen nunmehr voraus, daß im ursprünglichen Raume $\Re$ ein LEBESGUESches Maß M gegeben ist, und daß alle zu $\mathfrak{k}$ gehörigen Mengen $A, B, \ldots$ endliches und, falls sie nicht leer sind, positives Maß M besitzen. Der Ansatz

$$W(u, A) = e^{-M(A)u^2}$$

führt dann zur GAUSSschen Verteilung

$$w(x, A) = \frac{1}{\sqrt{\pi M(A)}}\, e^{-\frac{x^2}{M(A)}}, \tag{16.13}$$

und damit zum m-Maß

$$m(\alpha) = \pi^{-\frac{n}{2}} [M(A_1)\cdots M(A_n)]^{-\frac{1}{2}} \cdot \int\cdots\int\limits_{O_n} e^{-\sum \frac{x_i^2}{M(A_i)}}\, dx_1\cdots dx_n \tag{16.14}$$

für die Menge (16.3) [1].

Von jetzt ab wird $\Re$ mit der Zahlengeraden (ξ) und $\mathfrak{k}$ mit dem Körper der endlichen Summen links offener ξ-Intervalle identifiziert. Dann läßt sich beweisen, daß das Maß (16.14) einer absolut additiven Erweiterung in $B\Re$ fähig ist. Es kann nämlich gezeigt werden, daß fast alle Mengenfunktionen Θ im Sinne von m für beliebiges festes $\varepsilon > 0$ durchweg einer Ungleichung

$$A : \xi_0 < \xi \leqq \xi_1; \quad |\Theta(A)| < c\,|\xi_1 - \xi_0|^{\frac{1}{2} - \varepsilon} \cdot \{1 + |\xi_0|^{2\varepsilon} + |\xi_1|^{2\varepsilon}\} \tag{16.15}$$

genügen. Das ist zunächst so aufzufassen, daß die Menge derjenigen $\Theta(A)$, die für kein c durchweg (16.15) erfüllen, sich mit abzählbar vielen Mengen $A, B, \ldots$ von $\mathfrak{k}$ mit beliebig kleiner Gesamtsumme der m-Masse überdecken läßt. Ist diese „Semikompaktheit" von Ω einmal bewiesen, so folgt leicht die Stetigkeit des Maßes m innerhalb $\Re$, und damit die Erweiterbarkeit.

Auf (ξ) läßt sich jedes $\Theta(A)$ durch eine Punktfunktion

$$\chi(\xi) = \Theta((0, \xi))$$

erzeugen. Damit ist auch ein Maß im Raume dieser Funktionen

$$\chi(\xi), \quad -\infty < \xi < +\infty; \quad \chi(0) = 0$$

erklärt. Fast alle diese Funktionen genügen durchweg einer Bedingung

$$\left.\begin{aligned} |\chi(\xi_1) - \chi(\xi_0)| &\leqq C\,|\xi_1 - \xi_0|^{\frac{1}{2} - \varepsilon}\{1 + |\xi_0|^{2\varepsilon} + |\xi_1|^{2\varepsilon}\}, \\ |\chi(\xi)| &< C'\{1 + |\xi|^{\frac{1}{2} + \varepsilon}\}. \end{aligned}\right\} \tag{16.16}$$

---

[1] Die entsprechende Maßtheorie stammt von WIENER [1]. Vgl. auch PALEY and WIENER [1], „random functions".

Die zweite Ungleichung folgt leicht aus der ersten. Die Ungleichungen könnten noch verschärft werden. Jedoch ist die Zahl $\frac{1}{2}$ im Exponenten wesentlich. Die $\chi(\xi)$, die an irgendeiner Stelle einer HÖLDER-Bedingung vom Exponenten $>\frac{1}{2}$ genügen, bilden in Ω eine Nullmenge.

Durch die Erweiterung auf $B\,\Re$ ist nunmehr eine Integrationstheorie in Ω geschaffen. Wir schreiben

$$\int\limits_{\Omega} F(\Theta)\,dm\,,$$

falls $F(\Theta)$ in Ω m-summierbar ist. F kann entweder als Punktfunktion in Ω oder als Funktional von $\Theta(A)$ aufgefaßt werden. Nach dem allgemeinen Approximationssatz von § 2 existiert zu beliebigem $\varepsilon > 0$ ein $G(\Theta)$, welches nur endlich viele Werte, und diese in Mengen α der Form (16.3) annimmt derart, daß

$$\int\limits_{\Omega} |G(\Theta) - F(\Theta)|\,dm < \varepsilon$$

ausfällt. Da jene Mengen α in der Form (16.5) mit denselben C_i dargestellt werden können, ist G von der Form

$$G = G(\Theta(C_1),\, \Theta(C_2),\, \ldots,\, \Theta(C_n)), \qquad (16.17)$$

also eine gewöhnliche Funktion der Werte von Θ in endlich vielen fremden Mengen $C_i \subset \Re$. Wegen (16.14) ist

$$\int\limits_{\Omega} G(\Theta)\,dm = \pi^{-\frac{n}{2}} \cdot [M(C_1)\cdots M(C_n)]^{-\frac{1}{2}} \cdot \int\limits_{R_n}\ldots\int G(x_1,\ldots,x_n)\, e^{-\sum \frac{x_i^2}{M(C_i)}}\,dx_1\cdots dx_n,$$

also

$$\int\limits_{\Omega} G(\Theta)\,dm = \pi^{-\frac{n}{2}} \cdot \int\limits_{R_n}\ldots\int G(y_1\sqrt{M(C_1)},\ldots,y_n\sqrt{M(C_n)})\, e^{-\sum y_i^2}\,dy_1\cdots dy_n. \qquad (16.18)$$

Insbesondere ist

$$\int\limits_{\Omega} \Theta^2(A)\,dm = \frac{1}{2}\,M(A)\,, \qquad \int\limits_{\Omega} |\Theta(A)|\,dm = \frac{1}{\sqrt{\pi}}\,\sqrt{M(A)}\,,$$

was die Rolle des Exponenten $\frac{1}{2}$ in der HÖLDER-Bedingung verständlich macht.

Die Gruppe der Translationen

$$\xi \to \xi_t = \xi + t$$

auf der ξ-Achse erzeugt nun eine Strömung $\Theta \to \Theta_t$ bzw. $\chi \to \chi_t$ in Ω,

$$\Theta_t(A) = \Theta(A_t)\,, \qquad \chi_t(\xi) = \chi(\xi + t) - \chi(t)\,.$$

Die Strömung ist m-treu. Hierzu genügt der Nachweis, daß bei beliebigem festem t jede Menge α des Körpers $\Re$ in eine ebensolche übergeführt wird, unter Erhaltung des Maßes. Nach (16.14) ist das trivial, da bei Translationen das gewöhnliche Maß M in $\Re$ invariant bleibt.

Die Strömung ist auch in (Θ, t) meßbar im Sinne von Definition 3.4, wie mit Hilfe des ihr nachfolgenden Kriteriums folgt.

Satz 16.1. *Die durch die Translationen der ξ-Achse erzeugte Strömung in Ω ist vom Mischungstypus im engeren Sinne.*

Beweis. Die Beziehung

$$\lim_{|t|=\infty} \int_{\Omega} F(\Theta_t)\, H(\Theta)\, dm = \int_{\Omega} F(\Theta)\, dm \int_{\Omega} H(\Theta)\, dm$$

braucht nur für Funktionen der Form (16.17) bewiesen zu werden. In diesem Falle ist sie klar, da für hinreichend großes t die zu $F(\Theta_t)$ gehörigen Intervallsummen C_i zu den zu H gehörigen völlig fremd sind und daher die Beziehung bereits ohne das Limeszeichen gilt.

Die Strömung ist daher ergodisch, und es gilt

$$\lim_{|T|=\infty} \frac{1}{T} \int_0^T F(\Theta_t)\, dt = \int_{\Omega} F\, dm$$

für fast alle Θ im Sinne von m, falls $F(\Theta)$ in Ω m-summierbar ist.

Das Spektrum. Gehört das komplexwertige $F(\Theta)$ in Ω zu L^2, so besitzt nach Satz 14.2 $U_t F(\Theta) = F(\Theta_t)$ für fast alle Θ dasselbe Spektrum. Es gibt eine Nullmenge $N \subset \Omega$ derart, daß für jedes $\Theta \subset \Omega - N$ und fast alle s, $s = 0$ eingeschlossen,

$$\lim_{|T|=\infty} \frac{1}{T} \int_0^T F(\Theta_{s+t})\, \overline{F(\Theta_t)}\, dt = (U_s F, F) = \int_{-\infty}^{\infty} e^{i\lambda s}\, dS(\lambda) \qquad (16.19)$$

gilt. Es soll nun die Spektralenergie $S(\lambda)$ im Falle eines linearen Funktionals

$$F(\Theta) = \int_{\mathfrak{R}} q(p)\, d\Theta_p = \int_{-\infty}^{\infty} q(\xi)\, d\chi(\xi) = -\int_{-\infty}^{\infty} \chi(\xi)\, dq(\xi), \qquad (16.20)$$

wo $q(\xi)$ in $(-\infty, +\infty)$ von beschränkter Variation ist und für alle großen $|\xi|$ verschwindet, berechnet werden. Hierher gehört z.B. der Fall

$$F(\Theta) = \Theta(A) = \chi(b) - \chi(a); \qquad A = (a, b\rangle). \qquad (16.21)$$

Das Integral hat für fast alle Θ einen Sinn, da fast alle $\chi(\xi)$ in jedem endlichen ξ-Intervalle beschränkt sind. Die Ausnahmemenge kann offenbar strömungsinvariant angenommen werden. Setzt man zunächst $q(\xi)$ als stückweise konstant voraus, so ist $F(\Theta)$ von der Form (16.17), und man erhält mit Hilfe von (16.18)

$$\int_{\Omega} \left| \int_{\mathfrak{R}} q(p)\, d\Theta_p \right|^2 dm_\Theta = \tfrac{1}{2} \int_{\mathfrak{R}} |q(p)|^2\, dM_p . \qquad (16.22)$$

Durch L^2-Approximation $q_n \to q$ folgt, daß (16.20) in Ω zu L^2 gehört. Auf diese Weise läßt sich $F(\Theta)$ für fast alle Θ in völlig eindeutiger Weise definieren, wenn $q(p) = q(\xi)$ in $\mathfrak{R} = (\xi)$, $dM = d\xi$, lediglich zu L^2 gehört. Mit Hilfe der zu (16.22) führenden Rechnung ergibt sich wegen

$$F(\Theta_s) = \int\limits_{-\infty}^{\infty} q(\xi)\, d\chi(\xi + s) = \int\limits_{-\infty}^{\infty} q(\xi - s)\, d\chi(\xi)$$

die Formel

$$(U_s F, F) = \int\limits_{\Omega} F(\Theta_s)\, \overline{F(\Theta)}\, dm = \tfrac{1}{2} \int\limits_{-\infty}^{\infty} q(\xi - s)\, \overline{q(\xi)}\, d\xi\,.$$

Aus ihr läßt sich das $S(\lambda)$ von (16.19) berechnen. Nach bekannten Sätzen über die Fourier-Transformierte einer Faltung ist nämlich

$$\int\limits_{-\infty}^{\infty} q(\xi - s)\, \overline{q(\xi)}\, d\xi = \int\limits_{-\infty}^{\infty} |\mathfrak{F}_q(\lambda)|^2\, e^{i\lambda s}\, ds\,,$$

wobei

$$\mathfrak{F}_q(\lambda) = \frac{1}{\sqrt{2\pi}} \int\limits_{-\infty}^{\infty} e^{i\lambda\xi}\, q(\xi)\, d\xi$$

gesetzt ist. Daraus folgt das gewünschte Resultat,

$$S(\lambda) = \tfrac{1}{2} \int\limits_{-\infty}^{\lambda} |\mathfrak{F}_q(\lambda)|^2\, d\lambda\,.$$

Es kann ohne Bezugnahme auf die Strömung ausgesprochen werden,

Satz 16.2. *Ist $q(\xi)$ in $(-\infty, +\infty)$ von beschränkter Variation und gleich Null für alle großen $|\xi|$, so besitzt*

$$\int\limits_{-\infty}^{\infty} q(\xi)\, d\chi(\xi + s) \tag{16.23}$$

als Funktion von s für fast alle $\chi(\xi)$ ein Spektrum. Die Spektralintensität $S'(\lambda)$ existiert bei fast jedem $\chi(\xi)$ für alle λ und ist gleich

$$S'(\lambda) = \tfrac{1}{2} |\mathfrak{F}_q(\lambda)|^2\,,$$

wo $\mathfrak{F}_q(\lambda)$ die Fouriertransformierte von q bedeutet[1].

Die Voraussetzung ist hier, symbolisch gesprochen, daß die verschiedenen „Differentiale" $d\chi(\xi) = \Theta((\xi, \xi + d\xi))$ unabhängig verteilt sind und eine GAUSSsche Verteilung besitzen, deren Modul nur von der Länge $d\xi$ des Intervalles abhängt. Deutet man ξ als Zeit, so läßt sich $\chi(\xi)$ durch die Koordinate eines Teilchens bei der BROWNschen Bewegung veranschaulichen.

§ 17. Ein Beispiel für Mischung bei unendlichem $m(\Omega)$.

Im folgenden wird eine eineindeutige und flächentreue Abbildung eines ebenen Gebietes Ω, $m(\Omega) = \infty$, auf sich angegeben, bei welcher für irgend zwei quadrierbare Mengen A, B

---

[1] WIENER [1]. Das Verschwinden von q für große $|\xi|$ ist natürlich eine unwesentliche Forderung.

$$m(A\,B_n) \to 0, \quad n \to \infty$$

proportional gleichmäßig gilt, d. h. bei welcher

$$\frac{m(A\,B_n)}{m(C\,D_n)} \to \frac{m(A)\,m(B)}{m(C)\,m(D)}, \quad n \to \infty \tag{17.1}$$

für irgend vier quadrierbare Mengen besteht, $m(C)\,m(D) \neq 0$.

Ω sei der unendliche Halbstreifen

$$x \geqq 0, \quad 0 \leqq y < 1.$$

Er wird durch die ganzzahligen Abszissen $x = 1, 2, \ldots$ in unendlich viele Quadrate zerlegt, die wie in der Abb. 1 numeriert sein sollen.

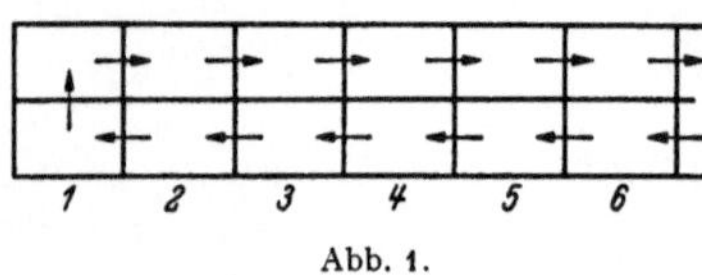

Abb. 1.

Die gewünschte Transformation T ist das Produkt zweier flächentreuen Transformationen $T''T'$, wobei T' in der Ausführung der Quadrattransformation von § 12 bei jedem der obigen Teilquadrate besteht, und wo T'' die durch die Mittellinie $y = \tfrac{1}{2}$ entstehenden Quadrathälften in der durch die Abb. 1 gekennzeichneten Weise kettenartig ineinander verschiebt.

Zum Beweise der Behauptung sei zunächst wie in § 12 angenommen, daß $A, B, \ldots$ dyadische Rechtecke $R(i, k)$

$$j + \nu 2^{-i} \leqq x < j + (\nu + 1)\,2^{-i}, \quad \mu 2^{-k} \leqq y < (\mu + 1)\,2^{-k};$$

$$j = 0, 1, \ldots, \quad \nu = 0, \ldots, 2^i - 1, \quad \mu = 0, \ldots, 2^k - 1,$$

oder noch einfacher Quadrate $Q(i) = R(i, i)$ sind. Nach § 12 führt die i-te Potenz der Inversen von T' das Quadrat $Q(i) = A$ in ein Rechteck $R(2i, 0)$ über, also in einen senkrechten Streifen der Höhe Eins und der Breite 2^{-2i}. Daran ändert offenbar auch die Verschiebung T'' nichts. Also ist

$$A_{-i} = R(2i, 0). \tag{17.2}$$

Ein zweites Quadrat $Q(k) = B$ wird analog durch T^k in ein horizontales Rechteck $R(0, 2k)$ verwandelt,

$$B_k = R(0, 2k). \tag{17.3}$$

Wegen der m-Treue von T ist also

$$m(A\,B_n) = m\{R(2i, 0)\,R(0, 2k)_p\}, \quad p = n - i - k. \tag{17.4}$$

Nach § 12 besteht $R(0, 2k)_p$ aus 2^p verschiedenen Rechtecken $R(0, 2k+p)$, die sich diesmal jedoch infolge der wiederholten Verschiebungen T'' über mehrere der Streifenquadrate $(Q(0, 0))$ verteilen. Zur Bestimmung dieser Verteilung seien mit

$$z_1^{(p)}, z_2^{(p)}, \ldots, z_l^{(p)}, \ldots$$

die Anzahlen bezeichnet, mit welchen jene Rechtecke im ersten, zweiten, ..., l-ten Streifenquadrat auftreten. Aus den $z_l^{(p)}$ Rechtecken

$R(0, 2k+p)$ im l-ten Quadrat werden nun infolge der Mischungs-transformation T' gewisse Rechtecke $R(0, 2k+p+1)$, und zwar genau $z_l^{(p)}$ in der oberen und genau $z_l^{(p)}$ in der unteren Quadrathälfte. Die nachträgliche Verschiebung führt daher zu den Rekursionsformeln

$$z_l^{(p+1)} = z_{l-1}^{(p)} + z_{l+1}^{(p)}, \quad l \geqq 2; \quad z_1^{(p+1)} = z_1^{(p)} + z_2^{(p)},$$

wobei zu beachten ist, daß die anfänglichen Anzahlen $z_l^{(0)}$ alle verschwinden bis auf eine, die gleich Eins ist, und zwar in demjenigen Quadrat, welches das Rechteck (17.3) enthält. Die Lösung dieser Aufgabe liefert

$$z_l^{(p)} = \sum_\nu z_{p+l-2\nu}^{(0)} \binom{p}{\nu}; \quad z_m^{(0)} = z_{1-m}^{(0)}, \quad m \leqq 0,$$

also, wenn l die Nummer des (17.2) enthaltenden Quadrates ist,

$$z_l^{(p)} = \binom{p}{\frac{p}{2}+g}, \quad |g| = O(1); \quad z_l^{(p)} \sim 2^p \sqrt{\frac{2}{\pi p}}, \quad p \to \infty,$$

und schließlich wegen (17.4)

$$\sqrt{\frac{n\pi}{2}} \, m(AB_n) \to m(A)\, m(B), \quad n \to \infty,$$

wenn A, B dyadische Quadrate sind. Dies bleibt richtig, wenn A, B Summen endlich vieler Quadrate sind. Sind allgemeiner A, B beschränkte und quadrierbare Mengen, so folgt es auch, da eine derartige Menge sich zwischen zwei endliche Quadratsummen beliebig kleiner Flächendifferenz einschalten läßt. Damit ist die Behauptung bewiesen.

Wäre (17.1) auch für allgemeine meßbare Mengen bewiesen, so ergäbe sich die metrische Transitivität von T als unmittelbare Folge. Dieser Beweis verlangt jedoch tiefere Hilfsmittel.

V. Kapitel.

Ergodentheorie und die geodätischen Linien auf Flächen konstanter negativer Krümmung.

§ 18. Formulierung der Probleme.

Wir gehen von einer zweidimensionalen RIEMANNschen Mannigfaltigkeit $\mathfrak{F}$ aus, im folgenden kurz Fläche genannt. p sei ein beliebiger Punkt auf $\mathfrak{F}$, φ der Winkel, den eine beliebige Richtung durch p mit einer festen Richtung durch p bildet. Diese feste Richtung soll auf $\mathfrak{F}$

ein analytisches Vektorfeld mit höchstens endlich vielen Singularitäten bilden. Die Fläche sei vollständig, d. h. jede geodätische Linie sei in beiden Richtungen unbegrenzt fortsetzbar.

Die Linienelemente

$$P = (p, \varphi)$$

bilden den zu $\mathfrak{F}$ gehörigen Phasenraum Ω, und die Bewegung eines beliebigen Punktes p längs einer beliebigen geodätischen Linie auf $\mathfrak{F}$ mit der Geschwindigkeit Eins läßt sich als stetige Strömung in Ω auffassen. Bekanntlich bleibt bei dieser Strömung das Volumelement

$$dm = d\sigma\, d\varphi$$

invariant, wenn $d\sigma$ das Flächenelement auf $\mathfrak{F}$ bedeutet.

Im folgenden werden speziell die vollständigen Flächen konstanter negativer Krümmung betrachtet. Bekanntlich erhält man diese Flächen $\mathfrak{F}$ in folgender Weise. Im Innern des Einheitskreises $|z| < 1$ der z-Ebene sei die nichteuklidische (NE) Metrik

$$ds = \frac{2\,|dz|}{1 - z\bar{z}}, \quad d\sigma = \frac{4\,dx\,dy}{(1 - z\bar{z})^2} \tag{18.1}$$

eingeführt. Sie ist gegenüber allen schlichten und konformen Abbildungen von $|z| < 1$ auf sich, d. h. gegenüber allen linearen Substitutionen von z oder $\bar{z}$, bei welchen $|z| < 1$ fest bleibt, invariant. Die geodätischen Linien sind die in $|z| < 1$ gelegenen Bögen der zu $|z| = 1$ orthogonalen Kreise (NE-Gerade). Eine Fläche $\mathfrak{F}$ entsteht dann, wenn man alle vermöge der Substitutionen S einer FUCHSschen Gruppe $\mathfrak{G}$ mit $|z| = 1$ als Hauptkreis einander kongruenten Punkte von $|z| < 1$ miteinander identifiziert. Von einer FUCHSschen Gruppe spricht man, wenn sie keine der Identität beliebig benachbarte, von ihr verschiedene Substitutionen enthält (eigentliche Diskontinuität).

Man unterscheidet zwischen zwei wesentlich verschiedenen Arten FUCHSscher Gruppen $\mathfrak{G}$ und damit Flächen $\mathfrak{F}$. Bei der ersten Art gibt es auf $|z| = 1$ Punkte, deren S-Bilder auf $|z| = 1$ überall dicht liegen. Bei der zweiten Art ist das nicht der Fall. Beide Arten lassen sich auch mit Hilfe des Fundamentalbereichs R von $\mathfrak{G}$ charakterisieren. Für R läßt sich bekanntlich eine Normalform angeben, bei welcher R ein von endlich oder abzählbar unendlich vielen Segmenten von NE-Geraden und Bögen von $|z| = 1$ begrenztes NE-konvexes Polygon darstellt. Dann ist $\mathfrak{G}$ von der ersten Art, wenn der Rand von R keine Bögen von $|z| = 1$ enthält. Die Ecken können sowohl in $|z| < 1$ als auch auf $|z| = 1$ (Spitzen) liegen. Es gibt unendlich viele wesentlich verschiedene Gruppen und Flächen erster Art.

Ein wohlbekanntes Beispiel für die erste Art ist der Fall, wo R ein regelmäßiges $4p$-Eck mit der Winkelsumme 2π darstellt. Die Seiten sind so aufeinander bezogen, daß man eine geschlossene zweiseitige Fläche $\mathfrak{F}$ vom Geschlecht p erhält (Abb. 2, $p = 2$). Ein anderes Beispiel wird durch die Modulgruppe geliefert, bei welcher R ein NE-Dreieck mit einer Spitze auf $|z| = 1$ ist. Die entsprechende Fläche $\mathfrak{F}$ besitzt hier eine spitzenförmige Randsingularität (Abb. 3)[1]. Bei der zweiten Art hat jedoch der Rand von R mindestens einen Bogen mit $|z| = 1$ gemein. Die zugehörige Fläche besitzt entsprechend mindestens einen Trichter (Abb. 4, zwei Trichter).

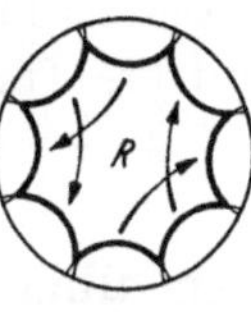

Abb. 2.   Abb. 3.   Abb. 4.

Wir betrachten im folgenden nur endlichvielfach-zusammenhängende Flächen $\mathfrak{F}$. Ihre FUCHSsche Gruppe besitzt eine endliche Basis, und das Fundamentalpolygon hat nur endlich viele Seiten. In diesem Falle ist $\mathfrak{F}$ dann und nur dann von der ersten Art, wenn der NE-Flächeninhalt von R, d. h. die Oberfläche von $\mathfrak{F}$ endlich ist.

Hauptsatz 18.1. *Für jede vollständige Fläche konstanter negativer Krümmung und endlicher Oberfläche ist die geodätische Strömung metrisch transitiv*[2].

Damit ist der Satz 14.1 über das Zeitmittel anwendbar. Es handelt sich hier um ein typisches ergodisches System. Nach § 9 sind im Phasenraume Ω fast alle Stromlinien transitiv. Mit Rücksicht auf den besonderen Charakter der geodätischen Linien folgt hieraus leicht ein früheres Ergebnis, nämlich, daß ausnahmslos für jeden Punkt p auf $\mathfrak{F}$, jedoch für fast alle Richtungen durch p, die geodätischen Linien in Ω transitiv sind[3]. Demgegenüber ist bekannt, daß die geschlossenen Stromlinien eine in Ω dichte Menge bilden[4].

Bei Flächen zweiter Art ist jedoch die zugehörige Strömung vom dissipativen Typus. Ohne Zuhilfenahme des Phasenraumes lautet die Behauptung: Die durch einen beliebigen Punkt p von $\mathfrak{F}$ gehenden

---

[1] Sie hat außerdem einen konischen Punkt, der dem auf der inneren Seite des Dreiecks liegenden Fixpunktes einer der S von $\mathfrak{G}$ entspricht. Ganz allgemein werden hier konische Punkte als innere Punkte von $\mathfrak{F}$ aufgefaßt.

[2] Für die beiden genannten Beispiele zuerst von HEDLUND [1], [2] nachgewiesen. Zum allgemeinen Satze vgl. E. HOPF [7]. Der dort geführte Beweis ist hier reproduziert. Er geht ebenso wie bei HEDLUND von Satz 19.1 aus, beruht jedoch in den Hauptpunkten auf neuen Gedanken.
Die Frage, ob der Satz bei allen vollständigen Flächen erster Art richtig ist, ist im Hinblick auf SEIDEL [2] zu verneinen.

[3] P. MYRBERG. Vgl. die Hinweise in E. HOPF [7]. Man beachte, daß die Richtungen in p den Punkten von $|z| = 1$ eineindeutig entsprechen, und daß zwei im gleichen Punkte von $|z| = 1$ mündende NE-Geraden zueinander in Ω asymptotisch sind, also beide transitiv sind oder nicht.

[4] P. KOEBE. IV. und V. Mitt. Dort wird der Verlauf der geodätischen Linien vom topologischen Standpunkte aus untersucht. KOEBES Ausdruck „fast alle" ist nicht im maßtheoretischen Sinne gemeint.

geodätischen Linien landen für fast alle Richtungen durch p schließlich in den Trichtern der Fläche[1]. Oder: Die Bögen, die der Rand von R mit der Kreislinie $|z| = 1$ gemein hat, und ihre $\mathfrak{G}$-Bilder bilden auf $|z| = 1$ eine Menge vom Winkelmaß 2π.

Der im folgenden erbrachte Beweis für diese Behauptungen gründet sich auf die NE-Metrik und auf die Theorie der harmonischen Funktionen.

§ 19. Satz 18.1 als Satz über FUCHSsche Gruppen.

Das Doppelverhältnis

$$[z_1, z_2, z_3, z_4] = \frac{z_3 - z_1}{z_3 - z_2} \frac{z_4 - z_2}{z_4 - z_1}$$

geht bei einer linearen Substitution S von z oder $\bar{z}$ in sich oder in seinen Konjugiertwert über. Gleiches gilt von den Differentialen

$$\frac{dz_2}{z_1 - z_2} \frac{z_3 - z_1}{z_3 - z_2} = -[z_1, z_2, z_3, z_2 + dz_2] \tag{19.1}$$

und

$$\frac{dz_1 dz_2}{(z_1 - z_2)^2} = -[z_1, z_2, z_1 + dz_1, z_2 + dz_2]. \tag{19.2}$$

Von nun ab werden nur die $|z| < 1$ in sich überführenden Substitutionen S betrachtet. Das Spiegelungsprinzip

$$S\left(\frac{1}{\bar{z}}\right) = \frac{1}{\overline{S(z)}}$$

liefert für sie die Invariante

$$\left|\frac{w - z}{1 - \bar{z} w}\right|^2 = \left[z, \frac{1}{\bar{z}}, w, \frac{1}{\bar{w}}\right] \tag{19.3}$$

und nach (19.1) die Differentialinvariante

$$\frac{dz}{1 - z\bar{z}} \frac{1 - \bar{z} w}{w - z} = \left[\frac{1}{\bar{z}}, z, w, z + dz\right]. \tag{19.4}$$

Aus (19.3) und (19.4) folgt die Invarianz des Längenelementes (18.1) und des entsprechenden Flächenelementes (18.1). Setzt man in der Invariante (19.2) $z_1 = \zeta$, $z_2 = z$ und dividiert man ihren Betrag durch das Längenelement (18.1), so erhält man das invariante POISSON-Differential

$$\frac{1 - z\bar{z}}{|\zeta - z|^2} |d\zeta|. \tag{19.5}$$

Wir betrachten nun eine FUCHSsche Gruppe $\mathfrak{G}$ von Substitutionen S mit $|z| = 1$ als Hauptkreis. Die Gesamtheit aller Punkte $S(z)$, $|z| < 1$, z fest, definiert dann einen Punkt p der Fläche $\mathfrak{F}$. $\mathfrak{G}$ bestimmt dann

---

[1] KOEBES „semiergodischer" Verlauf, KOEBE IV., V. Mitt. Dort wird nur das Überalldichtliegen jener Richtungen bewiesen.

eine assoziierte Gruppe Γ von Kontakttransformationen T des Raumes der Linienelemente

$$(z, \varphi), \quad \varphi = \arg dz,$$

in sich, wobei T die Form

$$(z, \varphi) \to (S(z), \varphi + \arg S'(z)) \qquad (19.6)$$

im analytischen Falle und eine analoge Form im Spiegelungsfalle besitzt. Vermöge Γ kongruente Linienelemente definieren einen einzigen Punkt P des Phasenraumes Ω. Wegen der Invarianz der Winkel und des Flächenelementes $d\sigma$ ist das Volumelement

$$dm = d\sigma\, d\varphi \qquad (19.7)$$

im Raum der Linienelemente gegenüber den Transformationen T invariant.

Im Raume der Linienelemente seien nun die neuen Koordinaten

$$(\eta_1, \eta_2, s); \quad |\eta_1| = |\eta_2| = 1, \quad s \text{ reell,}$$

eingeführt. Dabei sind η_1 und η_2 Anfangs- und Endpunkt der durch (z, φ) bestimmten gerichteten NE-Geraden. s ist die NE-Entfernung des Punktes z vom Halbierungspunkt z_0 des orthogonalen Kreisbogens (η_1, η_2). Das Vorzeichen von s sei durch die Richtung auf der NE-Geraden festgelegt. Offenbar ist die Koordinatentransformation von (z, φ) auf (η_1, η_2, s) eineindeutig. In den neuen Koordinaten erhalten die Transformationen T die Gestalt

$$(\eta_1, \eta_2, s) \to (S(\eta_1), S(\eta_2), s + f_S(\eta_1, \eta_2)). \qquad (19.8)$$

Das Volumelement (19.7) lautet jetzt

$$dm = c\, \frac{|d\eta_1| \cdot |d\eta_2|}{|\eta_1 - \eta_2|^2}\, ds \qquad (19.9)$$

mit dem ds von (18.1). Man kann nämlich eine $|z| < 1$ in sich überführende Substitution angeben, welche ein beliebig vorgegebenes Linienelement $(z, \varphi) = (\eta_1, \eta_2, s)$, $|z| < 1$, in ein beliebiges anderes $(z', \varphi') = (\eta_1', \eta_2', s')$, $|z'| < 1$, transformiert. Die durch sie bestimmte Kontakttransformation ist von der Form (19.6), läßt also (19.7) ungeändert. In den neuen Koordinaten ist sie von der Form (19.8). Sie läßt also wegen der Invarianz von (19.2) und von ds die rechte Seite von (19.9) ungeändert. Daher können sich beide Seiten nur durch einen konstanten Faktor c unterscheiden.

Die in § 18 definierte geodätische Strömung im Raum der Linienelemente lautet nun in den neuen Koordinaten einfach

$$P = (\eta_1, \eta_2, s) \to P_t = (\eta_1, \eta_2, s + t). \qquad (19.10)$$

Die Strömungsinvarianz des Volumelementes dm ist eine triviale Folge von (19.2) und (19.10).

Die Koordinatentransformation läßt sich leicht explizit angeben,

$$s = \ln[\eta_1, \eta_2, z, z_0], \qquad z_0 = \frac{\eta_1 + \eta_2}{2 + |\eta_1 - \eta_2|}, \qquad \varphi = \arg\frac{(z - \eta_1)(z - \eta_2)}{\eta_1 - \eta_2},$$

jedoch werden diese Gleichungen nicht gebraucht.

$\mathfrak{G}$ sei nun eine FUCHSsche Gruppe erster Art. Ist R ein Fundamentalbereich, so entspricht der Zerlegung von $|z| < 1$ in die NE-kongruenten Bereiche $S(R)$ eine Aufteilung des Raumes der Linienelemente (η_1, η_2, s) in bezüglich Γ kongruente Zellen. Jede derselben ist ein Repräsentant des Phasenraumes Ω.

Satz 19.1. *Der Satz 18.1[1] ist mit folgender Behauptung äquivalent. Eine Punktmenge A auf dem (η_1, η_2)-Torus mit positivem Torusmaß,*

$$\int\!\!\int_A |d\eta_1|\,|d\eta_2| > 0,$$

besitzt notwendig das Maß des ganzen Torus, wenn sie gegenüber den simultanen Substitutionen $\eta_1' = S(\eta_1)$, $\eta_2' = S(\eta_2)$ der FUCHSschen Gruppe erster Art invariant ist.

Beweis. Für das folgende ist es nur nötig, zu wissen, daß Satz 18.1 aus der Behauptung folgt. Man betrachte eine in Ω m-meßbare und strömungsinvariante Punktmenge M, $m(M) > 0$. Dieser Menge entspricht im (η_1, η_2, s)-Raume eine im Sinne von (19.9) meßbare und gegenüber der vertikalen Strömung (19.10) invariante, also in der s-Richtung zylindrische Menge. Ihre Projektion A auf den (η_1, η_2)-Torus ist von positivem Maße

$$\int\!\!\int \frac{|d\eta_1|\,|d\eta_2|}{|\eta_1 - \eta_2|^2}$$

also auch von positivem Torusmaße. Nach der Behauptung ist ihre Komplementärmenge auf dem Torus eine Nullmenge. Daraus ergibt sich rückwärts, daß $\Omega - M$ auf Ω eine m-Nullmenge sein muß.

Beim Beweise der in Satz 19.1 ausgesprochenen Behauptung darf man sich auf spiegelungsfreie Gruppen $\mathfrak{G}$ beschränken. Sind nämlich S die in $\mathfrak{G}$ enthaltenen Substitutionen von z, $\bar{S}$ die von $\bar{z}$, so bilden die S eine Untergruppe $\mathfrak{g}$ von $\mathfrak{G}$. Jedes $\bar{S}$ ist von der Form $S = S\bar{S}_0$, mit festem $\bar{S}_0$. Mit $\mathfrak{G}$ ist auch $\mathfrak{g}$ von der ersten Art, denn der Fundamentalbereich

$$R + \bar{S}_0(R)$$

für $\mathfrak{g}$ kann keinen Randbogen mit $|z| = 1$ gemein haben, wenn dies nicht schon bei R der Fall ist. Wenn andererseits die Behauptung für $\mathfrak{g}$ zutrifft, so ist es erst recht bei $\mathfrak{G}$ der Fall.

§ 20. Einführung harmonischer Funktionen. Hilfssätze.

Satz 20.1. *Satz 18.1[2] ist mit folgender Behauptung äquivalent. Eine beschränkte, sowohl in z als auch in w harmonische Funktion*

---

[1] Für Flächen erster Art schlechthin, nicht nur solche von endlicher Oberfläche.
[2] Man beachte hierbei die vorangehende Fußnote.

$U(z, w)$, $|z| < 1$, $|w| < 1$, ist eine Konstante, wenn sie für alle S einer FUCHS*schen Gruppe erster Art der Invarianzrelation*

$$U(S(z), S(w)) \equiv U(z, w) \tag{20.1}$$

genügt[1].

Wir ziehen im folgenden eine speziellere, nur scheinbar schwächere Formulierung vor.

Satz 20.2. *Satz 18.1*[2] *ist mit folgender Behauptung äquivalent. $U(z,w)$* ≥ 0 *genüge den gleichen Voraussetzungen wie oben. Verschwinden die Toruswerte von U auf $|z| = |w| = 1$ (im unten auseinandergesetzten Sinne) in einer Menge positiven Torusmaßes, so ist $U \equiv 0$.*

Beweis. Wir benötigen wieder nur die Tatsache, daß Satz 18.1 aus der Behauptung folgt. Hierzu ist zu zeigen, daß aus dieser Behauptung die Behauptung des Satzes 19.1 folgt. Es sei $U(\eta_1, \eta_2)$ die charakteristische Funktion der Menge A von Satz 19.1 auf dem Torus $|\eta_1| = |\eta_2| = 1$. U ist auf dem Torus meßbar und erfüllt für jedes S von $\mathfrak{G}$ die Relation

$$U(S(\eta_1), S(\eta_2)) \equiv U(\eta_1, \eta_2). \tag{20.2}$$

Zu beweisen ist $U = 0$ bis auf eine Menge vom Torusmaß Null.

Das POISSONsche Integral

$$U(z, \gamma) = \frac{1}{2\pi} \int_{|\zeta|=1} U(\zeta, \gamma) \frac{1 - z\bar{z}}{|\zeta - z|^2} |d\zeta| \tag{20.3}$$

stellt für fast alle γ auf $|\gamma| = 1$ eine in $|z| < 1$ harmonische Funktion von z dar. Sie ist dem Betrage nach kleiner als Eins und für jedes z eine auf $|\gamma| = 1$ meßbare Funktion von γ. Ferner ist

$$U(z, w) = \frac{1}{2\pi} \int_{|\gamma|=1} U(z, \gamma) \frac{1 - w\bar{w}}{|\gamma - w|^2} |d\gamma| \tag{20.4}$$

in $|z| < 1$ und $|w| < 1$ beschränkt und sowohl in z als auch in w harmonisch. $U(z, w)$ kann natürlich auch als POISSONsches Doppelintegral geschrieben werden. Wegen der S-Invarianz der POISSON-Differentiale überträgt sich die Invarianz (20.2) auf $U(z, w)$, d. h. es gilt (20.1) für alle S von $\mathfrak{G}$.

Die Torusfunktion $U(\zeta, \gamma)$ bestimmt sich umgekehrt aus der harmonischen Funktion $U(z, w)$, $|z| < 1$, $|w| < 1$, als Grenzfunktion im Sinne mittlerer Konvergenz,

$$\lim_{r=\varrho=1} \int\int_{|\zeta|=|\gamma|=1} \{U(r\zeta, \varrho\gamma) - U(\zeta, \gamma)\}^2 |d\zeta||d\gamma| = 0. \tag{20.5}$$

Dies ergibt sich ganz analog wie bei einer harmonischen Funktion $u(z)$

---

[1] Für ein spezielleres Problem sind harmonische Funktionen unabhängig von SEIDEL [2] eingeführt worden.

[2] Man beachte hierbei Fußnote 1 S. 72.

eines Punktes z, die vermöge des POISSONschen Integrals zu beschränkten Peripheriewerten $u(\zeta)$ gehört,

$$\lim_{r=1} \int\limits_{|\zeta|=1} \{u(\zeta r) - u(\zeta)\}^2 \, |d\zeta| = 0 \,.\,^{1} \qquad (20.6)$$

Trifft nun die Behauptung unseres Satzes, $U = 0$, zu, so folgt die zu beweisende Behauptung.

Der Beweis des in Satz 20.2 formulierten Satzes über harmonische Funktionen wird nun in mehreren Schritten geführt. Wir beginnen mit der Aufstellung der entsprechenden Hilfssätze. Bewiesen werden sie und der Hauptsatz in den folgenden Paragraphen. Unter K_l werde das Innere des Kreises vom NE-Radius l um $z = 0$ verstanden. Sein NE-Flächeninhalt berechnet sich aus

$$\sigma(K_l) = \pi(e^l + e^{-l} - 2)\,. \qquad (20.7)$$

Lemma 1. *Ist die Punktmenge B in $|z| < 1$ invariant gegenüber allen S der* FUCHS*schen Gruppe $\mathfrak{G}$, so gilt für alle hinreichend großen l*

$$\frac{\sigma(B\,K_l)}{\sigma(K_l)} < a \cdot \sigma(B\,R)\,,$$

wo R ein Fundamentalbereich von $\mathfrak{G}$ und a eine Konstante ist.

Das Lemma gilt für jede FUCHSsche Gruppe mit $|z| = 1$ als Hauptkreis. In der folgenden Beweisanordnung ist es jedoch nur bei den Gruppen erster Art und von endlicher Basis (Flächen $\mathfrak{F}$ endlicher Oberfläche) mit Erfolg anwendbar. Das Lemma ist nicht ganz trivial, wenn der Rand von R Spitzen auf $|z| = 1$ besitzt.

Lemma 2. *Die in $|z| < 1$ beschränkte und harmonische Funktion $u(z) \geqq 0$ sei invariant gegenüber allen S der* FUCHS*schen Gruppe $\mathfrak{G}$ erster Art. Verschwinden die Peripheriewerte $u(\zeta)$ auf $|\zeta| = 1$ in einer Menge positiven Winkelmaßes, so gilt $u \equiv 0$.*

Im Gegensatz zu der Behauptung des Satzes 20.2 liegt dieses Analogon für Funktionen eines Punktes nicht tief. Die Hauptschwierigkeit liegt im Beweise für das

Hauptlemma. *Genügt $U(z, w)$ allen in Satz 20.2 angegebenen Voraussetzungen, so ist das Winkelmaß derjenigen Menge auf $|\gamma| = 1$, wo $U(0, \gamma) = 0$ gilt, positiv.*

Beweis der Behauptung von Satz 20.2 auf Grund der Hilfssätze. Nach dem Hauptlemma hat die Menge E der Punkte auf $|\gamma| = 1$, in denen $U(0, \gamma) = 0$ gilt, positives Maß. Für eine in $|z| < 1$ harmonische und nichtnegative Funktion $u(z)$ lauten die HARNACKschen Ungleichungen

$$e^{-s(z,z')}\, u(z) \leq u(z') \leqq e^{s(z,z')}\, u(z)\,,$$

---

wo $s(z, z')$ die NE-Distanz zweier Punkte innerhalb des Einheitskreises bedeutet. Wegen $U(z, w) \geqq 0$ ist also

$$e^{-s(0,z)} U(0, w) \leqq U(z, w) \leqq e^{s(0,z)} U(0, w). \tag{20.8}$$

Bei festgehaltenem z ist daher die Menge auf $|\gamma| = 1$, in der die Randwerte $U(z, \gamma)$ von $U(z, w)$ verschwinden, unabhängig von z. Sie fällt also mit E zusammen. Wegen (20.1) ist nun für jedes S von $\mathfrak{G}$

$$U(S(0), w) = U(0, S^{-1}(w)).$$

Ersetzt man in (20.4) w durch $S^{-1}(w)$ und γ durch $S^{-1}(\gamma)$, so erhält man mit Rücksicht auf die Invarianz des POISSON-Differentials

$$U(0, S^{-1}(w)) = \frac{1}{2\pi} \int\limits_{|\gamma|=1} U(0, S^{-1}(\gamma)) \frac{1 - w\overline{w}}{|\gamma - w|^2} |d\gamma|.$$

Daher sind $U(0, S^{-1}(\gamma))$ die Randwerte von $U(0, S^{-1}(w))$. Da offenbar $S(E)$ die Menge ist, in der diese Randwerte verschwinden, folgt die Invarianz der Menge E gegenüber allen S von $\mathfrak{G}$.

Die in $|z| < 1$ harmonische Funktion $u(z)$, deren Randwerte auf E gleich Null und sonst gleich Eins sind, ist gegenüber allen S von $\mathfrak{G}$ invariant. Nach Lemma 2 ist also $u \equiv 0$, d. h. E hat das Maß der ganzen Kreislinie. Nach der Definition von E verschwinden daher die Randwerte von $U(0, w)$ fast überall. Daraus folgt aber $U(0, w) \equiv 0$ und wegen (20.8) $U(z, w) \equiv 0$, w. z. b. w.

§ 21. Beweis von Lemma 1 und 2.

Beweis von Lemma 1. Im folgenden wird vorausgesetzt, daß z außerhalb der abzählbaren[1] Menge der Fixpunkte der S von $\mathfrak{G}$ liegt. Dann sind die Punkte $S(z)$ für verschiedene S voneinander verschieden. Man darf dies auch von $z = 0$ annehmen, denn sonst könnte man durch eine geeignete lineare Substitution einen passenden anderen Punkt in den Nullpunkt verlegen. Wegen (20.7) bleibt dabei die Aussage des Lemmas ungeändert. $N(z, l)$ sei nun die Anzahl der in K_l gelegenen, zu z kongruenten Punkte $S(z)$. N ist also die Anzahl der der Ungleichung

$$s(0, S(z)) \leqq l$$

genügenden S von $\mathfrak{G}$. Wegen der Entfernungsinvarianz

$$s(0, S(z)) = s(S^{-1}(0), z)$$

ist also N auch die Anzahl derjenigen zu $z = 0$ kongruenten Punkte, deren NE-Abstand vom Punkte z kleiner oder gleich l ist. Aus der Diskontinuität von $\mathfrak{G}$ schließt man andererseits, daß die Punkte

---

[1] Die Gruppe ist eigentlich diskontinuierlich. Daher können sich die Fixpunkte nur auf $|z| = 1$ häufen.

$S(0) \neq 0$ einen positiven NE-Minimalabstand b von $z = 0$ besitzen. Der NE-Kreis vom NE-Radius b um irgendeinen dieser Punkte kann also keinen weiteren von ihnen enthalten. N ist daher kleiner als die Anzahl der Kreise vom NE-Radius b, welche in einem Kreise vom NE-Radius $l + b$ ohne Überschneidung Platz haben,

$$N(z, l) < \frac{\sigma(K_{l+b})}{\sigma(K_b)} = \frac{\sigma(K_{l+b})}{\sigma(K_l)\,\sigma(K_b)}\,\sigma(K_l) < a \cdot \sigma(K_l); \quad l > b. \tag{21.1}$$

Nun sei $\Phi(z)$ die charakteristische Funktion der Menge K_l. Dann folgt

$$N(z, l) = \sum_S \Phi(S(z))$$

und daher mit Summation über alle S von $\mathfrak{G}$ wegen der Invarianz von σ

$$\int\limits_{RB}\!\!\int N(z, l)\, d\sigma_z = \sum_S \int\limits_{RB}\!\!\int \Phi(S(z))\, d\sigma_z = \sum_S \int\limits_{S(RB)}\!\!\int \Phi(z)\, d\sigma_z. \tag{21.2}$$

Da R Fundamentalbereich ist und da $B = S(B)$ für alle S von $\mathfrak{G}$ gilt, ist

$$\sum_S S(RB) = \sum_S S(R)B = B\sum_S S(R) = B.$$

Die rechte Seite von (21.2) hat daher den Wert

$$\int\limits_{B}\!\!\int \Phi(z)\, d\sigma_z = \sigma(BK_l).$$

Daraus und aus (21.1) folgt die behauptete Ungleichung.

Beweis von Lemma 2.[1] Vorausgesetzt wird, daß $\mathfrak{G}$ eine endliche Basis hat, daß also $\sigma(R)$ endlich ist. Im Spezialfalle, wo der Rand von R ganz in $|z| < 1$ gelegen ist, ist das Lemma trivial, da wegen der Invarianz $u(z)$ sein Maximum in R, also innerhalb des Einheitskreises erreicht. Hat R jedoch Spitzen auf $|z| = 1$, so schließen wir folgendermaßen. Die Hilfsfunktion

$$h_\varepsilon(t) = \begin{cases} (1 - t\,\varepsilon^{-1})^2, & 0 \leqq t < \varepsilon, \\ 0, & \varepsilon \leqq t, \end{cases} \tag{21.3}$$

ist konkav. Ihre zweite Ableitung ist für $t \geqq 0$ stetig und nichtnegativ. Wir beweisen dann die Relationen

$$\lim_{l=\infty} \frac{1}{\sigma(K_l)} \int\limits_{K_l}\!\!\int h_\varepsilon(u(z))\, d\sigma_z = \frac{1}{2\pi} \int\limits_{|\zeta|=1} h_\varepsilon(u(\zeta))\, |d\zeta| \tag{21.4}$$

und

$$\lim_{\varepsilon=0} \int\limits_{|\zeta|=1} h_\varepsilon(u(\zeta))\, |d\zeta| = \operatorname*{Maß}_{|\zeta|=1} \{u(\zeta) = 0\}. \tag{21.5}$$

Das Integralmittel links in (21.4) ist offenbar ein Mittelwert von

$$\frac{1}{2\pi} \int\limits_{|\zeta|=1} h_\varepsilon(u(r\zeta))\, |d\zeta| \tag{21.6}$$

---

[1] Vgl. hierzu auch die Bemerkung am Schluß von § 23.

für Werte von r, welche dem Intervall $(0, l)$ für den NE-Radius entsprechen. In diesem Mittel erhalten die großen Werte von l, d. h. die nahe bei Eins gelegenen Werte von r überwiegendes Gewicht. Da, wenn $u(\zeta)$ die Randwerte von $u(z)$ bedeuten, nach (20.6) der Ausdruck (21.6) für $r \to 1$ gegen die rechte Seite von (21.4) strebt, muß auch (21.4) richtig sein.

(21.5) folgt aus den ersichtlichen Ungleichungen $(u \geqq 0)$

$$\operatorname*{Maß}_{|\zeta|=1} \{u(\zeta) = 0\} \leqq \int_{|\zeta|=1} h_\varepsilon(u(\zeta)) \, |d\zeta| \leqq \operatorname*{Maß}_{|\zeta|=1} \{u(\zeta) < \varepsilon\}.$$

Für den Beweis des Hauptlemmas, wo die obigen Überlegungen eine wesentliche Rolle spielen, seien die aus (20.5) folgenden analogen Relationen vorgemerkt. Für das Integralmittel

$$M_\varepsilon(l) = \frac{1}{\sigma^2(K_l)} \iint\limits_{K_l} \iint\limits_{K_l} h_\varepsilon(u(z, w)) \, d\sigma_z \, d\sigma_w \qquad (21.7)$$

gilt nämlich die analoge Relation

$$\lim_{\varepsilon=0} \lim_{l=\infty} M_\varepsilon(l) = \frac{1}{4\pi^2} \operatorname*{Maß}_{|\zeta|=|\gamma|=1} \{u(\zeta, \gamma) = 0\}. \qquad (21.8)$$

Das Integralmittel links in (21.4) ist nun gewiß kleiner als

$$\frac{\sigma(B_\varepsilon K_l)}{\sigma(K_l)}, \qquad (21.9)$$

wo B_ε diejenige Teilmenge von $|z| < 1$ bedeutet, in der $u(z) < \varepsilon$ stattfindet. Mit u ist auch die Menge B_ε gegenüber allen S von $\mathfrak{G}$ invariant. Nach Lemma 1 ist also die linke Seite von (21.4) erst recht kleiner als

$$a \cdot \sigma(B_\varepsilon R). \qquad (21.10)$$

Da nun nach Voraussetzung die rechte Seite von (21.5) positiv ist, muß (21.10) für alle $\varepsilon > 0$ oberhalb einer positiven Schranke liegen. Wegen der Endlichkeit von $\sigma(R)$ muß es also in $|z| < 1$ Punkte geben, die allen B_ε angehören. In ihnen ist $u = 0$, woraus wegen $u \geqq 0$ die Behauptung $u \equiv 0$ folgt.

§ 22. Beweis des Hauptlemmas.

Wir betrachten zunächst den einfachsten Fall, wo der Rand des Fundamentalbereichs R ganz in $|z| < 1$ gelegen ist. Die das Innere des Einheitskreises lückenlos ausfüllenden Bereiche $S(R)$, $S \subset \mathfrak{G}$, seien irgendwie numeriert, $R_0, R_1, R_2, \ldots$, derart, daß R_0 den Nullpunkt enthält,

$$z = 0 \subset R_0. \qquad (22.1)$$

Die Substitutionen S von $\mathfrak{G}$ seien so numeriert, daß

$$S_r(R_r) = R_0 \qquad (22.2)$$

stattfindet. Alle Bereiche R_ν haben denselben endlichen NE-Durchmesser D. Die ganz in der abgeschlossenen Kreisscheibe K_l gelegenen Bereiche B_ν überdecken daher die ganze Kreisscheibe K_{l-D}. Aus (21.7) folgt dann

$$M_\varepsilon(l - D) \leqq q(l)\,\frac{1}{\sigma^2(K_l)}\sum_{\nu,\mu}\iint_{R_\nu}\iint_{R_\mu} h_\varepsilon(U(z,w))\,d\sigma_z\,d\sigma_w \qquad (22.3)$$

mit

$$q(l) = \left[\frac{\sigma(K_l)}{\sigma(K_{l-D})}\right]^2, \qquad (22.4)$$

wobei Integration und Summation über sämtliche den Bedingungen

$$z \subset R_\nu \subset K_l, \qquad w \subset R_\mu \subset K_l \qquad (22.5)$$

genügenden z, w, R_ν, R_μ zu erstrecken sind. Aus (22.1), (22.2) und $z \subset R_\nu$ folgt

$$s(0, S_\nu(z)) \leqq D.$$

Nach der HARNACKschen Ungleichung ist also

$$U(z, w) = U(S_\nu(z), S_\nu(w)) \geqq e^{-D} U(0, S_\nu(w))$$

und, da $h_\varepsilon(t)$ nirgends zunimmt,

$$h_\varepsilon(U(z, w)) \leqq h_\varepsilon\{e^{-D} U(0, S_\nu(w))\}; \qquad z \subset R_\nu. \qquad (22.6)$$

Als Funktion von w ist nun

$$h_\varepsilon\{e^{-D} U(0, w)\} \qquad (22.7)$$

eine konkave Funktion einer harmonischen Funktion und somit subharmonisch in $|w| < 1$. Dies folgt aus der Nichtnegativität und Stetigkeit des LAPLACE-Ausdruckes. (22.7) ist daher überall kleiner oder gleich der in $|w| < 1$ harmonischen Funktion $V(w) = V_\varepsilon(w)$, die auf $|w| = 1$ die gleichen Randwerte besitzt. Die bloße Meßbarkeit derselben macht keine Schwierigkeiten, da man erst einen kleineren konzentrischen Kreis betrachten und dann zur Grenze $r \to 1$ übergehen kann. Es ist

$$V(0) = \frac{1}{2\pi}\int_{|\gamma|=1} h_\varepsilon\{e^{-D} U(0, \gamma)\}\,|d\gamma| \qquad (22.8)$$

und wegen (22.6)

$$h_\varepsilon(U(z, w)) \leqq V(S_\nu(w)). \qquad (22.9)$$

Aus (22.3) zusammen mit (22.5) und aus (22.9) folgt nun wegen $V \geqq 0$

$$M_\varepsilon(l - D) \leqq \frac{q(l)}{\sigma^2(K_l)}\sum_{\nu,\mu}\iint_{R_\nu}\iint_{R_\mu} V(S_\nu(w))\,d\sigma_z\,d\sigma_w$$

$$\leqq \frac{q(l)}{\sigma(K_l)}\sum_{\nu}\iint_{R_\nu}\left\{\frac{1}{\sigma(K_l)}\iint_{K_l} V(S_\nu(w))\,d\sigma_w\right\}d\sigma_z.$$

Da auch $V(S_\nu(w))$ in $|w| < 1$ harmonisch ist, liefert der GAUSSsche Mittelwertsatz

$$\frac{1}{\sigma(K_l)} \int\!\!\int_{K_l} V(S_\nu(w))\, d\sigma_w = V(S_\nu(0)) .$$

Daher ergibt sich

$$M_\varepsilon(l - D) \leqq \frac{q(l)}{\sigma(K_l)} \sum_\nu{}' \sigma(R_\nu)\, V(S_\nu(0)) \left.\begin{array}{l} \\ \\ \\ \\ \end{array}\right\} \quad (22.10)$$
$$\leqq \frac{q(l)}{\sigma(K_l)} \sigma(R_0) \sum_\nu{}' V(S_\nu(0)) ,$$

wo die Summation über alle ν mit $R_\nu \subset K_l$ erstreckt ist.

Setzt man nun

$$S_\nu(R_0) = R_\nu' , \qquad (22.11)$$

so folgt aus (22.1)

$$S_\nu(0) \subset R_\nu' . \qquad (22.12)$$

Zwei verschiedenen R_ν entsprechen offenbar wieder verschiedene R_ν'. Wegen (22.2) und (22.11) ist ferner der NE-Minimalabstand zwischen R_ν' und R_0 derselbe wie der zwischen R_ν und R_0. Für die in (22.10) betrachteten Bereiche $R_\nu \subset K_l$ müssen daher die entsprechenden Bereiche R_ν' sämtlich innerhalb K_{l+2D} liegen. Aus (22.10) folgt also

$$M_\varepsilon(l - D) \leqq \frac{q(l)}{\sigma(K_l)} \sum_\nu{}' \int\!\!\int_{R_\nu'} V(S_\nu(0))\, d\sigma_z . \qquad (22.13)$$

Wendet man auf $V \geqq 0$ die HARNACKsche Ungleichung an, so erhält man wegen (22.12)

$$V(S_\nu(0)) \leqq e^D \cdot V(z), \quad z \subset R_\nu' . \qquad (22.14)$$

Berücksichtigt man dies in (22.13), so folgt nach nochmaliger Anwendung des Mittelwertsatzes

$$M_\varepsilon(l - D) \leqq \frac{q(l)}{\sigma(K_l)} e^D \sum_\nu{}' \int\!\!\int_{R_\nu'} V(z)\, d\sigma_z$$
$$\leqq e^D \frac{q(l)}{\sigma(K_l)} \int\!\!\int_{K_{l+2D}} V(z)\, d\sigma_z = e^D q(l) \frac{\sigma(K_{l+2D})}{\sigma(K_l)} V(0)$$

und schließlich wegen (20.7)

$$\lim_{l=\infty} M_\varepsilon(l) \leqq c V(0), \qquad c = c(D) .$$

Kombiniert man dies mit (21.8), (22.8) und (21.5), so erhält man die Ungleichung

$$\frac{1}{4\pi^2} \underset{|\zeta|=|\gamma|=1}{\text{Maß}} \{u(\zeta, \gamma) = 0\} \leqq \frac{c}{2\pi} \underset{|\gamma|=1}{\text{Maß}} \{u(0, \gamma) = 0\}, \qquad (22.15)$$

aus welcher das Hauptlemma unmittelbar folgt.

Der allgemeine Fall. Die oben gemachte Voraussetzung sei nun aufgehoben. R darf Spitzen auf $|z| = 1$ besitzen, jedoch ist $\sigma(R)$ als endlich vorausgesetzt. Durch passendes Abschneiden der Spitzen zerfällt $R = R_0$ in zwei Teile

$$R_0 = R_0^* + R_0^{**}$$

derart, daß

$$\sigma(R_0^{**}) < \delta \qquad (22.16)$$

gilt, und daß R_0^* einen endlichen NE-Durchmesser $D = D(\delta)$ besitzt. Man darf annehmen, daß R_0^* den Nullpunkt enthält. Die Menge

$$B = \sum_\nu R_\nu^{**}, \qquad R_\nu^{**} = S_\nu^{-1}(R_0^{**})$$

ist $\mathfrak{G}$-invariant. $|z| < 1$ wird durch B und die kongruenten Bereiche $R_\nu^* = S_\nu^{-1}(R_0^*)$ einfach und lückenlos überdeckt. Alle R_ν^* besitzen den gleichen NE-Durchmesser D. Man betrachte nun alle

$$R_\nu^* \subset K_l. \qquad (22.17)$$

Dann gehört jeder Punkt von K_{l-D} entweder zu einem dieser R^* oder zu B. Liegt er nämlich außerhalb B, so gehört er zu einem R_ν^* überhaupt (zunächst ohne (22.17)). (22.17) ist dann notwendig erfüllt, da R_ν^* den Durchmesser D hat. Also gilt

$$K_{l-D} \subset \sum R_\nu^* + BK_{l-D}, \qquad R_\nu^* \subset K_l.$$

Spaltet man entsprechend das Integral in (21.7) für $M_\varepsilon(l-D)$ auf, so folgt wegen $0 \leqq h_\varepsilon \leqq 1$

$$M_\varepsilon(l-D) \leqq \left[\frac{\sigma(BK_{l-D})}{\sigma(K_{l-D})}\right]^2 + \frac{q(l)}{\sigma^2(K_l)} \sum_{\nu,\mu} \iint_{R_\nu^*} \iint_{R_\mu^*},$$

wobei die Summation über alle

$$R^* \subset K_l, \qquad R_\mu^* \subset K_l$$

erstreckt ist. Der zweite Summand kann genau wie oben behandelt werden und genügt denselben Ungleichungen. Der erste ist nach Lemma 1 und nach (22.16) kleiner als

$$a^2 \cdot \sigma^2(BR_0) = a^2 \cdot \sigma^2(R_0^{**}) < a^2 \delta^2.$$

Geht man wie oben zur Grenze über, $l \to \infty$, $\varepsilon \to \infty$, so erhält man die Ungleichung (22.15) mit dem zusätzlichen Term $a^2 \delta^2$ auf der rechten Seite. Das Hauptlemma folgt dann durch passende Wahl von δ. Damit ist der Beweis des Hauptsatzes 18.1 im angekündigten Umfange voll erbracht.

§ 23. Beweis des Satzes über die Flächen zweiter Art.

Ist $\mathfrak{G}$ von der zweiten Art, so hat der Rand von R mindestens einen Bogen mit $|z| = 1$ gemein. Wir beschränken uns auf den Fall, wo R keine Spitzen auf $|z| = 1$ besitzt, wo also die Fläche $\mathfrak{F}$ nur in Trichtern, aber nicht in Spitzen ausläuft.

ω sei die Vereinigungsmenge jener Bögen und aller ihrer Bilder auf $|z| = 1$. Zu beweisen ist, daß ihre Komplementärmenge auf $|z| = 1$ das Winkelmaß Null besitzt. α sei einer der auf $|z| = 1$ gelegenen Randbögen von R. Zu jedem der beiden, in den Endpunkten von α mündenden Orthogonalbögen gibt es nun ein an ihn angrenzendes $\mathfrak{G}$-Bild des Polygons R. Insbesondere sind beide Endpunkte von α wieder Endpunkte anderer Bögen der Menge ω. Die Endpunkte jedes auf $|z| = 1$ gelegenen Randbogens von R können also als innere Punkte der Menge ω aufgefaßt werden.

Wegen der $\mathfrak{G}$-Invarianz von ω ist auch die harmonische Funktion $u(z)$, deren Randwerte auf $|z| = 1$ gleich Null auf ω und gleich Eins auf der Restmenge sind, gegenüber allen S von $\mathfrak{G}$ invariant. Zu beweisen ist $u \equiv 0$. u nimmt nun jeden seiner Werte in R an. Nach der obigen Bemerkung hat andererseits u im Sinne gewöhnlicher Konvergenz in jedem Punkte jedes abgeschlossenen Bogens α den Randwert Null. Da u seine Extrema auf $|z| = 1$ annimmt, muß es sie auf den Randbögen α von R annehmen. Also ist $u \equiv 0$.

Hat R Spitzen auf $|z| = 1$, so läßt sich ein elementarer Beweis mit Hilfe der GREENschen Formel

$$\iint\limits_{R} \mathrm{Grad}^2\, u\, dx\, dy = \oint u\, \frac{\partial u}{\partial n}\, ds$$

führen. Durch die Ränderzuordnung zerstören sich nämlich die rechten Seiten. Die Spitzen müssen mit Grenzbetrachtungen behandelt werden. Ähnlich kann auch Lemma 2 bewiesen werden.

Literaturverzeichnis.

Das Verzeichnis macht, was Hilfsmittel und Anwendungen betrifft, keinen Anspruch auf Vollständigkeit.

BIRKHOFF, G. D. [1]: Proof of the ergodic theorem. Proc. Nat. Acad. USA. Bd. 18 (1932) S. 650; [2]: Probability and physical systems. Bull. Amer. Math. Soc. 1932 S. 361.

BIRKHOFF, G. D., and B. O. KOOPMAN [1]: Recent contributions to the ergodic theory. Proc. Nat. Acad. USA. Bd. 18 (1932) S. 279.

BIRKHOFF, G. D., and P. A. SMITH [1]: Structure analysis of surface transformations. J. Math. pures appl. Bd. 7 (1928) S. 345.

BOCHNER, S. [1]: Vorlesungen über Fouriersche Integrale. Leipzig 1932, Kap. IV. [2]: Monotone Funktionen, Stieltjessche Integrale und harmonische Analyse. Math. Ann. Bd. 108 (1933) S. 378; [3]: Spektralzerlegung linearer Scharen unitärer Operatoren. Sitzgsber. Preuß. Akad. Wiss. 1933 S. 371; [4]: Average distributions of arbitrary masses under group translations. Proc. Nat. Acad. USA. Bd. 20 (1934) S. 206.

CARATHÉODORY, C. [1]: Vorlesungen über reelle Funktionen. Leipzig 1918; [2]: Über den Wiederkehrsatz von Poincaré. Sitzgsber. Preuß. Akad. Wiss. 1919 S. 580.

CARLEMAN, T. [1]: Application de la théorie des équations integrales linéaires aux équations differentielles de la dynamique. Ark. Mat., Astr. och Fys. Bd. 22 (1932) S. 1; [2]: Application de la théorie des équations integrales linéaires aux équations differentielles non linéaires. Acta math. Bd. 59 (1932) S. 63.

DOOB, J. L. [1]: Probability and Statistics. Trans. Amer. math. Soc. Bd. 36 (1934) S. 759; [2]: Note on probability. Ann. of Math. Bd. 37 (1936) S. 363.

FOX, R. H., and R. B. KERSHNER [1]: Concerning the transitive properties of geodesics on a rational polyhedron. Duke math. J. Bd. 2 (1936) S. 147.

FRÉCHET, M. [1]: Sur l'intégrale d'une fonctionnelle étendue à un ensemble abstrait. Bull. Soc. Math. France Bd. 49 (1915) S. 748.

HEDLUND, G. [1]: Metric transitivity of the geodesics on closed surfaces of constant negative curvature. Ann. of Math. Bd. 35 (1935) S. 787; [2]: A metrically transitive group defined by the modular group. Amer. J. Math. Bd. 57 (1937) S. 668.

HERGLOTZ, G. [1]: Über Potenzreihen mit positivem, reellem Teil im Einheitskreis. Sitzgsber. Sächs. Akad. Wiss. Bd. 63 (1911) S. 501.

HOPF, E. [1]: Zwei Sätze über den wahrscheinlichen Verlauf der Bewegungen dynamischer Systeme. Math. Ann. Bd. 103 (1930) S. 710; [2]: On the time average theorem in dynamics. Proc. Nat. Acad. USA. Bd. 18 (1932) S. 93; [3]: Complete transitivity and the ergodic principle. Proc. Nat. Acad. USA. Bd. 18 (1932) S. 204; [4]: Proof of Gibbs' hypothesis on the tendency toward statistical equilibrium. Proc. Nat. Acad. USA. Bd. 18 (1932) S. 333; [5]: Über lineare Gruppen unitärer Operatoren im Zusammenhang mit den Bewegungen dynamischer Systeme. Sitzgsber. Preuß. Akad. Wiss. 1932 S. 182; [6]: On causality, statistics and probability. J. Math. Physics Bd. 13 (1934) S. 51; [7]: Fuchsian groups and ergodic theory. Trans. Amer. math. Soc. Bd. 39 (1936) S. 299.

KHINTCHINE, A. [1]: Zu Birkhoffs Lösung des Ergodenproblems. Math. Ann. Bd. 107 (1932) S. 485; [2]: The method of spectral reduction in classical mechanics. Proc. Nat. Acad. USA. Bd. 19 (1933) S. 567; [3]: Eine Verschärfung des Poincaréschen Wiederkehrsatzes. Compos. Math. Bd. 1 (1934) S. 177; [4]: Fourierkoeffizienten längs einer Bahn im Phasenraum. Rec. math. Moscou 1934 S. 14.

KOEBE, P. [1]: Riemannsche Mannigfaltigkeiten und Nichteuklidische Raumformen. Sitzgsber. Preuß. Akad. Wiss. I. Mitt. 1927 S. 164, II. Mitt. 1928 S. 345, III. Mitt. 1928 S. 385, IV. Mitt. 1929 S. 414, V. Mitt. 1930 S. 304.

KOLMOGOROFF, A. [1]: Grundbegriffe der Wahrscheinlichkeitsrechnung. Berlin 1933.

KOOPMAN, B. O. [1]: Hamiltonian Systems and linear transformations in Hilbert space. Proc. Nat. Acad. USA. Bd. 17 (1931) S. 315.

KOOPMAN, B. O., and J. v. NEUMANN [1]: Dynamical systems of continuous spectra. Proc. Nat. Acad. USA. Bd. 18 (1932) S. 255.

KRYLOFF, N., and N. BOGOLIOUBOFF [1]: Les mesures invariantes et transitives dans la mécanique non linéaire. Rec. math. Moscou 1936 S. 707; [2]: La théorie générale de la mesure dans son application à l'étude des systèmes de la mécanique non linéaire. Ann. of Math. Bd. 38 (1937) S. 65.

MAEDA, F. [1]: Transitivities of conservative mechanisms. J. Sci. Hiroshima Univ. A 6 (1936) S. 1.

MARTIN, M. H. [1]: Metrically transitive point transformations. Bull. Amer. math. Soc. Bd. 40 (1934) S. 606.

NEUMANN, J. v. [1]: Proof of the quasiergodic hypothesis. Proc. Nat. Acad. USA. Bd. 18 (1932) S. 70; [2]: Physical applications of the ergodic hypothesis. Proc. Nat. Acad. USA. Bd. 18 (1932) S. 263; [3]: Über einen Satz von Herrn M. Stone. Ann. of Math. Bd. 33 (1932) S. 567; [4]: Zur Operatorenmethode in der klassischen Mechanik. Ann. of Math. Bd. 33 (1932) S. 587, 789.

PALEY, R. E. A. C., and N. WIENER [1]: Fourier transforms in the complex domain. Colloquium Publ. Amer. math. Soc. 1934.

POINCARÉ, H. [1]: Calcul des probabilités. 2. Aufl. Paris 1912.

RADON, J. [1]: Theorie und Anwendung der absolut additiven Mengenfunktionen. Sitzgsber. Wiener Akad. Bd. 122 (1913) S. 1295.

SCORCA DRAGONI, G. [1]: Sul teorema ergodico. Rend. Palermo Bd. 58 (1934) S. 311; [2]: Transitivita metrica e teoremi di media. Rend. Palermo Bd. 59 (1935) S. 235.

SEIDEL, W. [1]: Note on a metrically transitive system. Proc. Nat. Acad. USA. Bd. 19 (1933) S. 453; [2]: On a metric property of Fuchsian groups. Proc. Nat. Acad. USA. Bd. 21 (1935) S. 475.

STEPANOFF, W. [1]: Sur une extension du théorème ergodique. Compos. Math. Bd. 3 (1936) S. 239.

STONE, M. H. [1]: Linear transformations in Hilbert space. Proc. Nat. Acad. USA. Bd. 16 (1930) S. 137; [2]: Linear transformations in Hilbert space and their applications to analysis. Colloquium Publ. Amer. math. Soc. 1932.

WEYL, H. [1]: Über die Gleichverteilung von Zahlen mod. Eins. Math. Ann. Bd. 77 (1916) S. 313.

WIENER, N. [1]: Generalized harmonic analysis. Acta math. Bd. 55 (1930) S. 214.

WINTNER, A. [1]: Zur Theorie der beschränkten Bilinearformen. Math. Z. Bd. 30 (1929) S. 228; [2]: Remarks on the ergodic theorem of Birkhoff. Proc. Nat. Acad. USA. Bd. 18 (1932) S. 333.